完全圖解 元素與週期表 二版

學好國高中化學的第一步！
認識化學的「導覽圖」

國高中必備！一次認識118種元素特徵及應用

人人出版

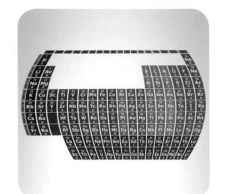

人人伽利略系列3

國高中必備！一次認識118種元素特徵及應用

完全圖解 元素與週期表 二版

現在備受矚目的元素

協助 櫻井 弘

還有各式各樣的元素

協助 櫻井 弘／駒場慎一

了解元素的特性

協助 櫻井 弘／江馬一弘／足立匡／柳本潤／鳥居寬之／岡部 徹

4 徹底介紹118種元素

協助 櫻井 弘

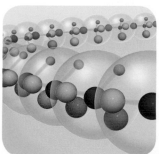

序章

19 世紀陸續發現了新的元素，化學有了驚人的發展。大約150年前，俄羅斯化學家門得列夫為這些元素建立體系，整理成週期表。而後，化學急速進步至今，週期表的元素數量增加，原子的結構等也陸續變得更加清晰。序章將介紹原子的基礎知識以及最新的週期表。

協助　櫻井 弘

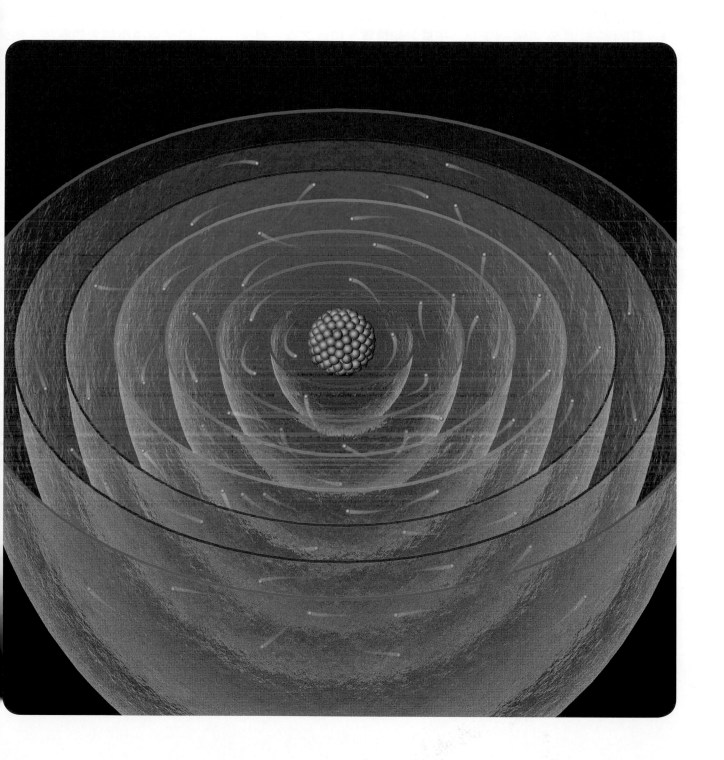

成功將大量元素進行分類的門得列夫

什麼是元素？元素是構成物質的基本成分。舉例來說，水（H_2O）是由氫（H）與氧（O）這兩種元素組成。而我們周遭的所有物質就像這樣，由各種不同的元素組合而成。

將元素整理、分類的方法，最早是從古希臘的哲學家開始，歷經了許多科學家的研究。**1805年，英國科學家道耳頓（John Dalton，1766～1844）發表了原子論，他認為元素實際上是非常小的粒子「原子」，而不同種類的原子，具有不同的質量（原子量）和性質。自此之後，科學家就開始根據原子量對元素進行分類與整理。**

至於第一個注意到元素具有「週期性」的特性，則是法國地質學家尚古多（Béguyer de Chancourtois，1820～1886）。他發現每當原子量增加16時，就會出現性質相似的元素。雖然後來有許多科學家提出將元素分類的方法，但卻沒有任何一種方法，能將當時已知的所有元素進行系統性的排列。

門得列夫的週期表也預言了未知的元素

元素的分類法直到1869年才拍板定案，而這個方法就是俄國科學家門得列夫（Dmitri Mendeleev，1834～1907）所提出的「週期表」。**門得列夫依照原子量由小到大的順序，將元素縱向排列，並將性質相似的元素橫向排列（其縱橫與現在的週期表相反）。這麼一來，就成功地依照明確的法則，排列當時已知的63種元素。**

門得列夫的傑出之處在於，當他排列元素時，如果某個位置沒有相對應的元素，會先將這個位置空下來，並預言這個位置應該存在尚未發現的元素。而且當時尚未發現的「鈧」、「鎵」、「鍺」這三種元素，確實在門得列夫仍在世時被發現。

150 年前的週期表

門得列夫創造了最初的週期表（右頁上方），成為現今仍在使用的週期表原型。下圖分別呈現出星雲、地球與食物的圖片，以及各自所含的代表性元素符號。

門得列夫

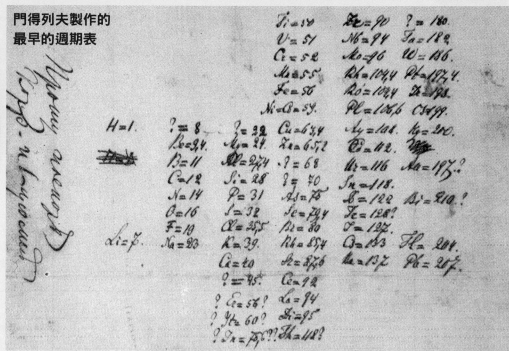

門得列夫製作的最早的週期表

門得列夫與最初的週期表

門得列夫曾擔任俄國聖彼得堡大學的化學教授（左上），他在撰寫化學教科書時，仔細地思考了元素的分類方法。接著在1869年，創造出將當時已知的63種元素進行系統化排列的最早週期表（上方）。這份週期表將元素符號與原子量並排寫在一起。而表中也含有現在已不再使用的元素符號Di（didymium，錯釹），因為不久後發現，Di其實是錯與釹的混合物。

人類的里程碑！
——全118種元素「最新的週期表」

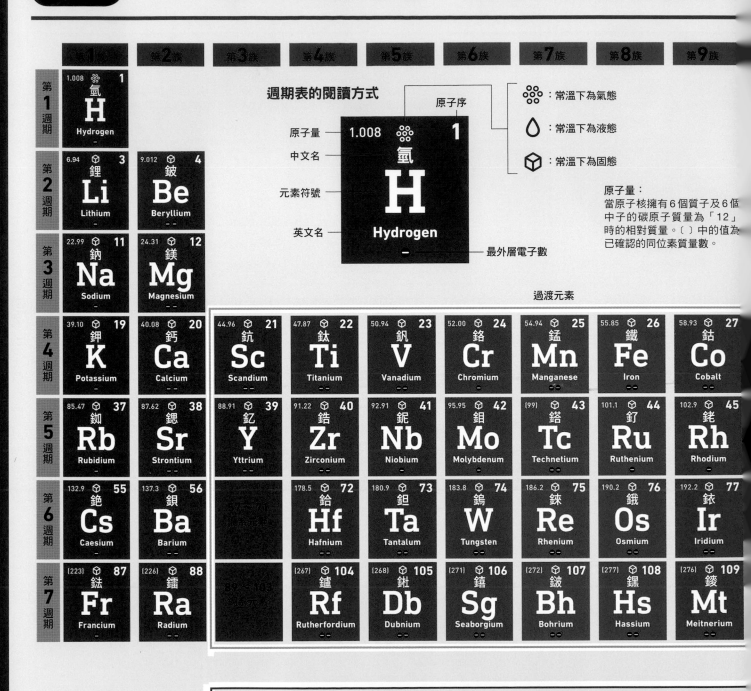

	第1族	第2族	第3族	第4族	第5族	第6族	第7族	第8族	第9族

週期表的閱讀方式

原子量 — 1.008
中文名 — 氫
元素符號 — H
英文名 — Hydrogen
最外層電子數 —

原子序

$\bullet$：常溫下為氣態
$\bullet$：常溫下為液態
$\bullet$：常溫下為固態

原子量：
當原子核擁有6個質子及6個中子的碳原子質量為「12」時的相對質量。〔〕中的值為已確認的同位素質量數。

過渡元素

第1週期：1.008 氫 H Hydrogen 1 —

第2週期：6.94 鋰 Li Lithium 3 — ；9.012 鈹 Be Beryllium 4 —

第3週期：22.99 鈉 Na Sodium 11 — ；24.31 鎂 Mg Magnesium 12 —

第4週期：39.10 鉀 K Potassium 19 — ；40.08 鈣 Ca Calcium 20 — ；44.96 鈧 Sc Scandium 21 — ；47.87 鈦 Ti Titanium 22 — ；50.94 釩 V Vanadium 23 — ；52.00 鉻 Cr Chromium 24 — ；54.94 錳 Mn Manganese 25 — ；55.85 鐵 Fe Iron 26 — ；58.93 鈷 Co Cobalt 27 —

第5週期：85.47 銣 Rb Rubidium 37 — ；87.62 鍶 Sr Strontium 38 — ；88.91 釔 Y Yttrium 39 — ；91.22 鋯 Zr Zirconium 40 — ；92.91 鈮 Nb Niobium 41 — ；95.95 鉬 Mo Molybdenum 42 — ；[99] 鎝 Tc Technetium 43 — ；101.1 釕 Ru Ruthenium 44 — ；102.9 銠 Rh Rhodium 45 —

第6週期：132.9 銫 Cs Caesium 55 — ；137.3 鋇 Ba Barium 56 — ；57～71 鑭系元素 ；178.5 鉿 Hf Hafnium 72 — ；180.9 鉭 Ta Tantalum 73 — ；183.8 鎢 W Tungsten 74 — ；186.2 錸 Re Rhenium 75 — ；190.2 鋨 Os Osmium 76 — ；192.2 銥 Ir Iridium 77 —

第7週期：[223] 鍅 Fr Francium 87 — ；[226] 鐳 Ra Radium 88 — ；89～103 錒系元素 ；[267] 鑪 Rf Rutherfordium 104 — ；[268] 𨧀 Db Dubnium 105 — ；[271] 𨭎 Sg Seaborgium 106 — ；[272] 𨨏 Bh Bohrium 107 — ；[277] 𨭆 Hs Hassium 108 — ；[276] 䥑 Mt Meitnerium 109 —

57～71 鑭系元素：138.9 鑭 La Lanthanum 57 — ；140.1 鈰 Ce Cerium 58 — ；140.9 鐠 Pr Praseodymium 59 — ；144.2 釹 Nd Neodymium 60 — ；[145] 鉕 Pm Promethium 61 — ；150.4 釤 Sm Samarium 62 —

89～103 錒系元素：[227] 錒 Ac Actinium 89 — ；232.0 釷 Th Thorium 90 — ；231.0 鏷 Pa Protactinium 91 — ；238.0 鈾 U Uranium 92 — ；[237] 錼 Np Neptunium 93 — ；[239] 鈽 Pu Plutonium 94 —

資料出處
原子量：日本化學會原子量專門委員會於2019年所發表的4位數原子量《理科年表 2019年度版》（日本・丸善出版）。

距離門得列夫發表週期表約150年。直到今天，人類發現的元素已達118種。下圖是整理出所有元素的最新週期表。

第10族　第11族　第12族　第13族　第14族　第15族　第16族　第17族　第18族

註：目前仍不清楚原子序104之後的元素的化學性質。

								4.003　2 氦 He Helium
			10.81　5 硼 B Boron	12.01　6 碳 C Carbon	14.01　7 氮 N Nitrogen	16.00　8 氧 O Oxygen	19.00　9 氟 F Fluorine	20.18　10 氖 Ne Neon
			26.98　13 鋁 Al Aluminium	28.09　14 矽 Si Silicon	30.97　15 磷 P Phosphorus	32.07　16 硫 S Sulfur	35.45　17 氯 Cl Chlorine	39.95　18 氬 Ar Argon
58.69　28 鎳 Ni Nickel	63.55　29 銅 Cu Copper	65.38　30 鋅 Zn Zinc	69.72　31 鎵 Ga Gallium	72.63　32 鍺 Ge Germanium	74.92　33 砷 As Arsenic	78.97　34 硒 Se Selenium	79.90　35 溴 Br Bromine	83.80　36 氪 Kr Krypton
106.4　46 鈀 Pd Palladium	107.9　47 銀 Ag Silver	112.4　48 鎘 Cd Cadmium	114.8　49 銦 In Indium	118.7　50 錫 Sn Tin	121.8　51 銻 Sb Antimony	127.6　52 碲 Te Tellurium	126.9　53 碘 I Iodine	131.3　54 氙 Xe Xenon
195.1　78 鉑 Pt Platinum	197.0　79 金 Au Gold	200.6　80 汞 Hg Mercury	204.4　81 鉈 Tl Thallium	207.2　82 鉛 Pb Lead	209.0　83 鉍 Bi Bismuth	[210]　84 釙 Po Polonium	[210]　85 砈 At Astatine	[222]　86 氡 Rn Radon
[281]　110 鐽 Ds Darmstadtium	[280]　111 錀 Rg Roentgenium	[285]　112 鎶 Cn Copernicium	[278]　113 鉨 Nh Nihonium	[289]　114 鈇 Fl Flerovium	[289]　115 鏌 Mc Moscovium	[293]　116 鉝 Lv Livermorium	[293]　117 鿬 Ts Tennessine	[294]　118 鿫 Og Oganesson

| 152.0　63 銪 Eu Europium | 157.3　64 釓 Gd Gadolinium | 158.9　65 鋱 Tb Terbium | 162.5　66 鏑 Dy Dysprosium | 164.9　67 鈥 Ho Holmium | 167.3　68 鉺 Er Erbium | 168.9　69 銩 Tm Thulium | 173.0　70 鐿 Yb Ytterbium | 175.0　71 鎦 Lu Lutetium |
| [243]　95 鋂 Am Americium | [247]　96 鋦 Cm Curium | [247]　97 鉳 Bk Berkelium | [252]　98 鉲 Cf Californium | [252]　99 鑀 Es Einsteinium | [257]　100 鐨 Fm Fermium | [258]　101 鍆 Md Mendelevium | [259]　102 鍩 No Nobelium | [262]　103 鐒 Lr Lawrencium |

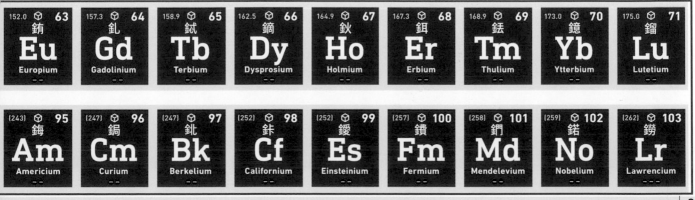

原子中的電子分成好幾層存在

現在的週期表與門得列夫的不同，是根據「原子序」來排序元素。**原子序是顯示原子種類（元素）的編號，原子序愈大，代表元素的質量也愈大。**

到了20世紀後發現，原子是由帶負電的「電子」與帶正電的「原子核」組成。而後進一步發現，原子核中含有帶正電的「質子」與電中性的「中子」。**原子核中所含的質子數量，隨著原子的種類（元素）而改變。因此，使用「質子數量」來當原子序。**

電子的所在位置有「容納量」

目前已知存在於原子中的電子，其所在位置有特定的規則。電子能存在的範圍被劃分為好幾層，稱為「電子殼層」（electron shell）（右下圖）。電子殼層由內到外，分別命名為「K層」、「L層」、「M層」……，愈外側的電子殼層，可以容納的最大電子數量（容納量）就愈多。電子基本上是從最接近原子核的內側

電子殼層依序排列，但鉀之後的元素，內側的殼層會留下一些「空位」，電子直接先填入外側的殼層。

實際上，**週期表的橫向排列（週期），對應到原子所含的電子存在到哪一層外側電子殼層**（右圖）。舉例來說，原子序11的鈉（Na）在第3週期，因此電子所存在的最外側電子殼層，就是從內側數來的第3層，即M層（K層有2個電子，L層有8個，M層有1個）。

原子結構與電子的配置方式

門得列夫發表週期表時，還不清楚原子的結構。圖中呈現的是進入20世紀後才發現的原子結構，以及原子內的電子配置方式模型。

原子中的電子分別存在於不同的「殼層」

原子核周圍的電子，分別存在於被稱為「電子殼層」的多個殼層。右圖是電子殼層的示意圖。電子想要盡可能填入靠近原子核的內側殼層，但各個電子殼層能容納的電子數量有限。當電子數量達到容納量的電子殼層稱為「閉合殼層」（closed shell），電子配置相當穩定。

原子序是原子核裡所含的「質子數」

週期表的元素，根據各個元素所定之「原子序」依序排列。原子序與原子核裡所含的質子數一致。右側為碳原子，其原子核裡有6個質子，原子序是6。至於帶負電的電子，為了與質子的正電相抵，數量與質子相同。

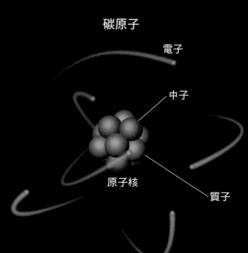

碳原子

電子

中子

原子核

質子

第1族	第2族	第3族										第4族	第5族	第6族	第7族	第8族	第9族	第10族	第11族	第12族	第13族	第14族	第15族	第16族	第17族	第18族
第1週期 1 H																										2 He
第2週期 3 Li	4 Be																				5 B	6 C	7 N	8 O	9 F	10 Ne
第3週期 11 Na	12 Mg																				13 Al	14 Si	15 P	16 S	17 Cl	18 Ar
第4週期 19 K	20 Ca	21 Sc	22 Ti	23 V	24 Cr	25 Mn	26 Fe	27 Co	28 Ni	29 Cu	30 Zn										31 Ga	32 Ge	33 As	34 Se	35 Br	36 Kr
第5週期 37 Rb	38 Sr	39 Y	40 Zr	41 Nb	42 Mo	43 Tc	44 Ru	45 Rh	46 Pd	47 Ag	48 Cd										49 In	50 Sn	51 Sb	52 Te	53 I	54 Xe
第6週期 55 Cs	56 Ba	57 La	58 Ce	59 Pr	60 Nd	61 Pm	62 Sm	63 Eu	64 Gd	65 Tb	66 Dy	67 Ho	68 Er	69 Tm	70 Yb	71 Lu	72 Hf	73 Ta	74 W	75 Re	76 Os	77 Ir	78 Pt	79 Au	80 Hg	81 Tl	82 Pb	83 Bi	84 Po	85 At	86 Rn
第7週期 87 Fr	88 Ra	89 Ac	90 Th	91 Pa	92 U	93 Np	94 Pu	95 Am	96 Cm	97 Bk	98 Cf	99 Es	100 Fm	101 Md	102 No	103 Lr	104 Rf	105 Db	106 Sg	107 Bh	108 Hs	109 Mt	110 Ds	111 Rg	112 Cn	113 Nh	114 Fl	115 Mc	116 Lv	117 Ts	118 Og

週期表的「週期」，對應到電子存在的最外側電子殼層

上圖顯示週期（橫列）與電子存在於最外側電子殼層（最外層電子）之間的關係。各個週期與該週期元素所擁有的最外層電子存在的殼層相對應，譬如第1週期為K層，第2週期為L層……等等。而上圖的週期表，是包含第8～9頁中，另外列於週期表下方的「鑭系元素」與「錒系元素」的「超長週期表」。

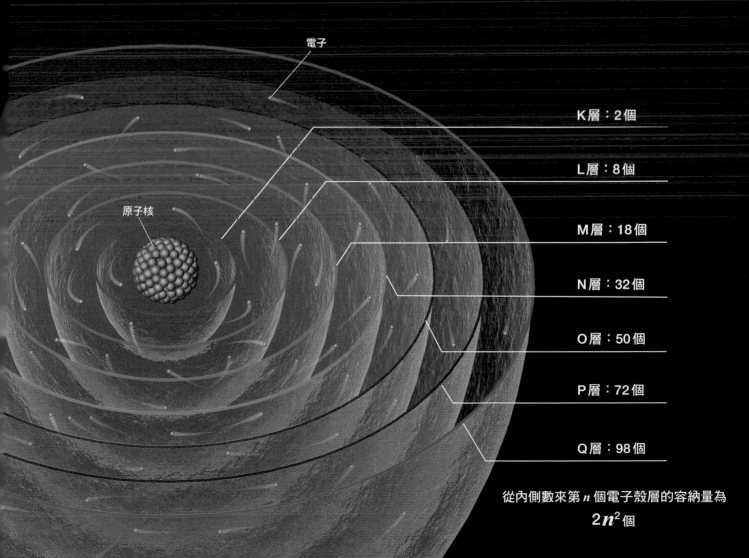

電子

原子核

K層：2個

L層：8個

M層：18個

N層：32個

O層：50個

P層：72個

Q層：98個

從內側數來第 n 個電子殼層的容納量為

$$2n^2 個$$

來看週期表的「縱列」！
同「族」元素性質相似

週期表的元素排列方式有一項重要特點，那就是「縱列元素的性質相似」。**週期表的縱列稱為「族」，同族的元素具有相似的性質，這是為什麼呢？**

觀察同族元素最外側電子殼層的電子（最外層電子）數量，就會發現其數量是相同的（詳見右頁週期表）。舉例來說，週期表最左側的第1族，最外層電子的數量都只有1個。

至於週期表最右側的第18族，最外層電子的數量除了氦（He）之外都是8個。而**最外層電子的數量，就發揮了決定原子性質的重大作用。**

原子的性質隨著最外層電子的數量而改變

舉例來說，第1族的元素具有容易與其他物質反應的特性。第1族的鋰和鈉接觸水，會劇烈反應並竄出火焰，就是因為最外層電子只有1個（右圖）。

當最外層電子只有1個時，這個電子會很不穩定，容易轉移到其他物質。這代表容易與其他物質產生反應。

至於第18族元素的特性則是幾乎不與其他物質反應。這是因為氦的最外層電子殼層屬於閉合殼層（電子數量達到容納量的狀態），而其他元素的最外層電子數量有8個。

目前已知閉合殼層或最外層電子數量達到8個時，其電子配置相較於其他狀態更為穩定。因此第18族的元素幾乎不會將電子轉移給其他物質，或反過來接收其他物質的電子。這代表幾乎不會與其他物質產生反應。

至於第3族～第12族※的元素稱為「過渡元素」，其最外層的電子數量幾乎都只有1個或2個。**而過渡元素的特性是不只縱列，連橫列相鄰的元素也具有相似的性質。**

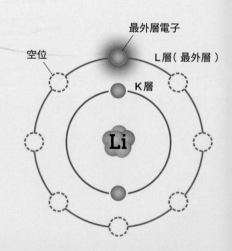

鋰（第1族）的電子配置

右圖是鋰原子的模型。鋰的最外層電子只有1個，呈現不穩定的狀態（以黃光表示），容易轉移到其他物質，所以鋰容易與水等物質產生劇烈反應。

最外層電子
空位
L層（最外層）
K層
Li

第1族的元素容易反應，第18族的元素不產生反應

容易與其他物質產生反應的第1族元素鋰（左頁），以及幾乎不與其他物質反應的第18族元素氖（右頁）的電子配置示意圖。此外，不同族的最外層電子數量如右上所示。

鋰雲母

含有大量鋰的礦物。鋰的反應性高，因此在自然界幾乎不以單質（simple substance，只由一種元素形成的物質）形式存在。

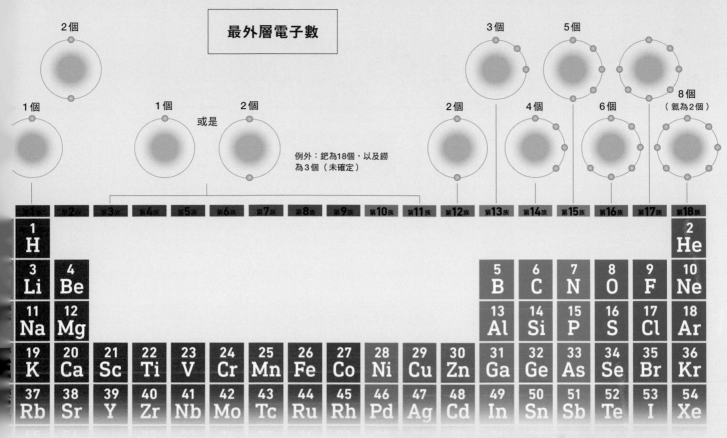

最外層電子數

2個

1個

1個　或是　2個

例外：鈀為18個，以及鑭
為3個（未確定）

3個　5個

2個　4個　6個　8個
（氦為2個）

第1族	第2族	第3族	第4族	第5族	第6族	第7族	第8族	第9族	第10族	第11族	第12族	第13族	第14族	第15族	第16族	第17族	第18族
1 H																	2 He
3 Li	4 Be											5 B	6 C	7 N	8 O	9 F	10 Ne
11 Na	12 Mg											13 Al	14 Si	15 P	16 S	17 Cl	18 Ar
19 K	20 Ca	21 Sc	22 Ti	23 V	24 Cr	25 Mn	26 Fe	27 Co	28 Ni	29 Cu	30 Zn	31 Ga	32 Ge	33 As	34 Se	35 Br	36 Kr
37 Rb	38 Sr	39 Y	40 Zr	41 Nb	42 Mo	43 Tc	44 Ru	45 Rh	46 Pd	47 Ag	48 Cd	49 In	50 Sn	51 Sb	52 Te	53 I	54 Xe

最外層電子數依族而定

上圖顯示各族的最外層電子數。第1～2族與第13～18族稱為「典型元素」。族數的個位數與最外層電子數一致（氦除外）。第3～12族※稱為「過渡元素」，最外層電子數幾乎都是1個或2個。最外層電子數與元素的化學性質密切相關。但原子序104之後的元素，化學性質尚未釐清。

※：有些人會將過渡元素定義為第3～11族，但日本化學會在
　　2018年建議將第12族元素也包含進去。

M層（最外層）

L層

K層

Ar

氬（第18族）的電子配置

上圖是氬原子的模型。氬的最外層電子為8個，因此電子狀態穩定，具有不容易與其他物質反應的性質。所有第18族元素的反應性都很低，又被稱為惰性氣體。

使用氬氣進行焊接

金屬因焊接而熔化，並與其他金屬接合在一起時，高溫的金屬會與空氣中的氧產生反應。為了防止這種情形，焊接時會吹入氬氣以隔絕空氣。

「元素」與「原子」有什麼不同？

法國化學家拉瓦節（Antoine-Laurent de Lavoisier，1743～1794）將元素定義為「無法再進一步分解的單質」。至於「原子」則是與元素相似的詞彙。以食鹽水為例，若分離出食鹽水的成分，就能夠清楚看見元素與原子的差異。

食鹽水顧名思義，就是鹽與水的混合物，將食鹽水的鹽分去除就會得到水。而將電流通過水，就能分解出氫與氧，至於氫與氧就無法再進一步分解成其他物質了。換句話說，根據拉瓦節的定義，氫與氧都是元素。

水可以分解成氫與氧，因此水可說是由氫與氧這兩種元素組成，是2個氫原子與1個氧原子形成的水

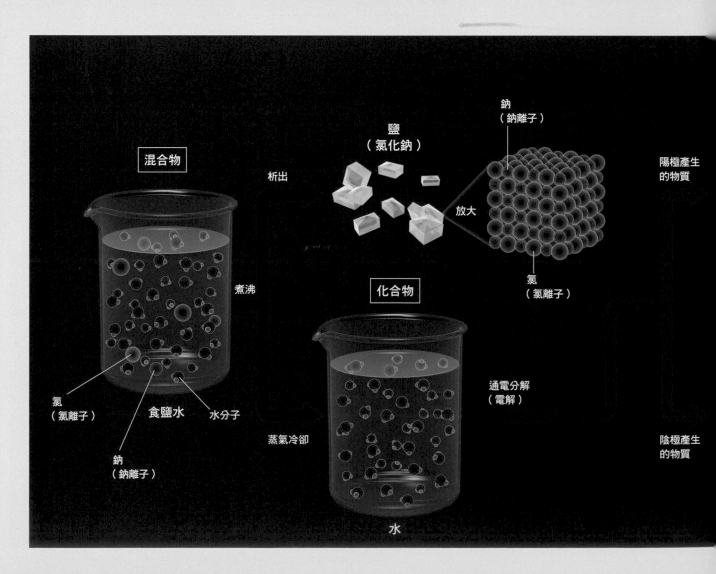

混合物

鹽
（氯化鈉）

析出

鈉
（鈉離子）

陽極產生的物質

放大

煮沸

氯
（氯離子）

化合物

氯
（氯離子）

食鹽水

水分子

通電分解
（電解）

蒸氣冷卻

鈉
（鈉離子）

陰極產生的物質

水

分子（H2O）集合體。將水分解成原子，就會知道水是由氫原子與氧原子這兩種原子組成，這也意味著元素就是「原子的種類」。

也就是說，元素有兩個意義：一是「由單一（1種）原子形成的物質（單質）」，例如氫與氧，二是「原子的種類」。

直徑0.0000001毫米左右的原子中心，有帶正電的「原子核」，其周圍則有帶負電的「電子」飛來飛去。到了20世紀以後，才發現原子具有這樣的結構。原子核由帶正電的「質子」，以及不帶電的「中子」這2種粒子聚集而成。舉例來說，氫原子的原子核只有1個質子，而氧原子的原子核則含有8個質子。

現在週期表的元素，依照「原子序」的編號順序排列。原子序是由荷蘭的法律學者兼業餘物理學者范登布羅克（Antonius van den Broek，1870～1926）在1911年提出的概念，指的是原子核中的質子數量。這代表質子的數量才是決定原子種類（元素）的重要因素。

至於提議週期表應該依照原子序排列的人，則是英國化學家莫斯利（Henry Moseley，1887～1915）。那是1913年的事情。

將元素根據原子序排列之後，未發現的元素就變得清晰可見。舉例來說，如果發現了質子數量為42個及44個的元素，那就能知道尚未發現質子數為43個的元素。

過去的週期表都以原子量（原子的相對重量）為基準排列元素，但相鄰元素間的原子量差並不一定，可能是1，也可能是4，因此就無法清楚知道相鄰的元素之間是否有未發現的元素，如果有的話又會是幾個。

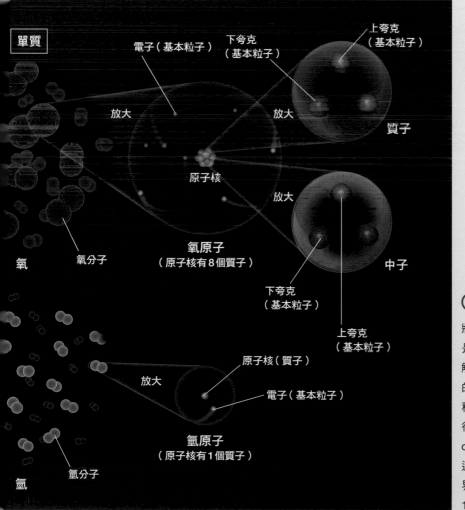

單質

電子（基本粒子）
下夸克（基本粒子）
上夸克（基本粒子）
放大
放大
質子
原子核
放大
氧原子（原子核有8個質子）
中子
下夸克（基本粒子）
上夸克（基本粒子）
氧分子
氧
原子核（質子）
放大
電子（基本粒子）
氫原子（原子核有1個質子）
氫分子
氫

⊙ 分解物質就能得到元素

將食鹽水（混合物）分離所得到的鹽與水，是由2種原子組合而成的化合物。而將水分解所得到的氫與氧，分別都是由1種原子形成的物質（單質）。這種無法進一步分解成其他種類的物質，稱為元素。但如果將原子分割得更細，就會發現裡面還有「上夸克」（up quark）、「下夸克」（down quark）等粒子。這些粒子無法再進一步分割，被認為是自然界的最小單位，稱為「基本粒子」。電子也是1種基本粒子。

元素是在什麼時候、從哪裡誕生？

宇宙在大約138億年前誕生。一般認為，宇宙在剛誕生時，處在非常高溫灼熱的狀態，但隨即開始膨脹，溫度也逐漸降低，質子與中子隨之誕生。質子是氫原子的原子核，這代表宇宙最初生成的元素就是氫（H）。

當宇宙進一步膨脹，溫度再度下降後，高速碰撞的質子與中子就開始結合，稱為「核融合反應」（fusion reaction）。氦（He）與鋰（Li）等較輕的原子核，就因核融合反應而在初期的宇宙中誕生。但這時誕生的還不是原子。

當溫度進一步下降後，帶正電的原子核與帶負電的電子互相吸引，進行配對。這麼一來，氫原子與氦原子終於誕生了。

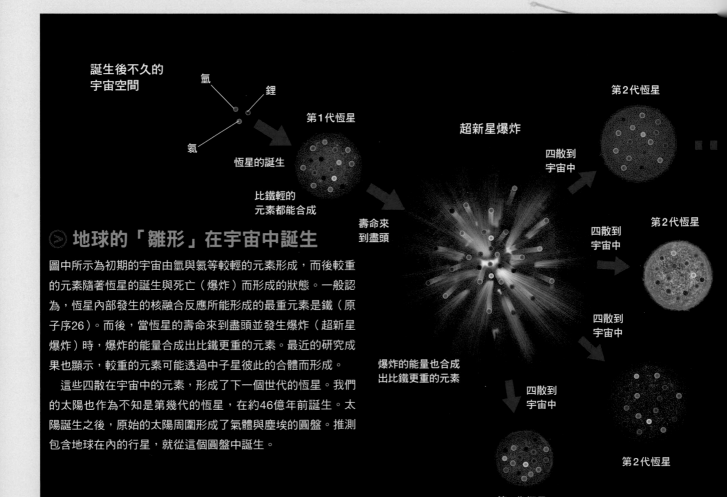

誕生後不久的宇宙空間

氫　鋰　氦

第1代恆星

恆星的誕生

比鐵輕的元素都能合成

壽命來到盡頭

超新星爆炸

爆炸的能量也合成出比鐵更重的元素

四散到宇宙中

第2代恆星

四散到宇宙中

第2代恆星

四散到宇宙中

四散到宇宙中

第2代恆星

第2代恆星

⊗ 地球的「雛形」在宇宙中誕生

圖中所示為初期的宇宙由氫與氦等較輕的元素形成，而後較重的元素隨著恆星的誕生與死亡（爆炸）而形成的狀態。一般認為，恆星內部發生的核融合反應所能形成的最重元素是鐵（原子序26）。而後，當恆星的壽命來到盡頭並發生爆炸（超新星爆炸）時，爆炸的能量合成出比鐵更重的元素。最近的研究成果也顯示，較重的元素可能透過中子星彼此的合體而形成。

這些四散在宇宙中的元素，形成了下一個世代的恆星。我們的太陽也作為不知是第幾代的恆星，在約46億年前誕生。太陽誕生之後，原始的太陽周圍形成了氣體與塵埃的圓盤。推測包含地球在內的行星，就從這個圓盤中誕生。

宇宙誕生的數億年後，氫氣之類的氣體因重力而聚集，恆星因此而誕生，而比鋰更重的元素，就在恆星中形成。核融合反應在溫度升高的恆星中心部分反覆發生，因而形成從輕到重的元素，但這時最重的只到鐵。當恆星的壽命到了盡頭，就會發生大爆炸，在恆星中合成的元素便四散到宇宙中（左頁下方）。但是週期表中金與鉑等較重的元素（重元素），無法透過恆星內發生的一般核融合反應形成。近年來首度檢測並觀測到中子星合體的重力波，使得多數重元素都是因中子星合體而生成的說法更具有說服力。

四處飛散的元素，成為下一個世代恆星的材料。各式各樣的元素就這樣，透過周而復始的恆星誕生與死亡（爆炸），逐漸在宇宙中累積。到了宇宙誕生約91億年後，太陽與地球誕生了。

構成太陽的元素，約71%是氫，約27%是氦，至於其他元素只占了約2%（重量比例）。推測這個比例，與包含太陽系在內的整個宇宙所含的元素比例幾乎一致。

下方圓餅圖顯示的是構成地球表層（地殼），與海洋的元素比例（重量比例）。地殼中所含的元素以氧（O）最多，第2名以下依序是矽（Si），以及鋁（Al）之類的

金屬。

這是因為構成地殼的岩石，主要是由矽及鋁的氧化物（SiO_2與Al_2O_3等）形成。不過，地球的中心存在以鐵為主成分的「內核」。因此，若以地球全體來思考，含量最多的元素是鐵。

氧在海洋中的含量壓倒性地多，其次依序是氫、氯（Cl）、鈉（Na）。現在的海水基本上就是溶有鹽（NaCl）的水（H_2O），因此這些元素的含量最多是理所當然。至於排名在鈉之後的元素，則依序是鎂（Mg）、硫（S）、鈣（Ca）、鉀（K）。

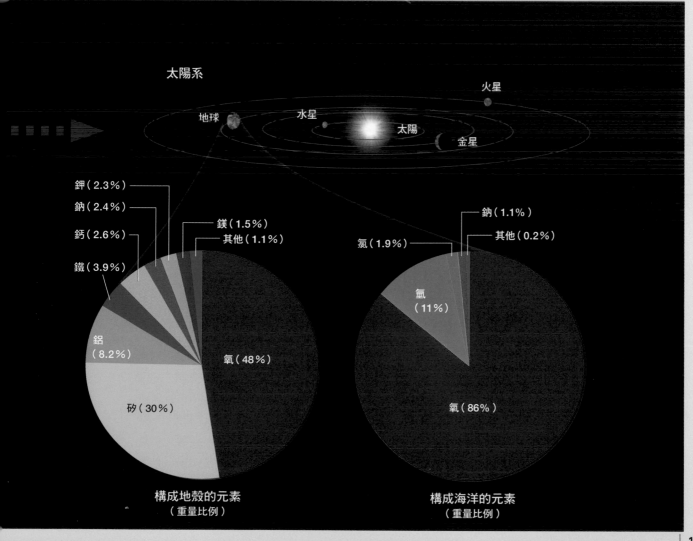

太陽系

火星　地球　水星　太陽　金星

鉀（2.3%）
鈉（2.4%）
鈣（2.6%）
鐵（3.9%）
鎂（1.5%）
其他（1.1%）
鋁（8.2%）
氧（48%）
矽（30%）

構成地殼的元素
（重量比例）

鈉（1.1%）
其他（0.2%）
氯（1.9%）
氫（11%）
氧（86%）

構成海洋的元素
（重量比例）

1 現在備受矚目的元素

近年常來在新聞上看到零碳排、氫能社會……等元素名稱的機會愈來愈多。稀有金屬與稀土元素等稀少的元素對於IT機器與汽車產業不可或缺,現在全世界已經圍繞著鋰、鎳、釹等元素展開爭奪戰。這些元素具有什麼樣的性質,又被用在哪些地方呢?

協助　櫻井 弘

第1週期 1 H 氫													
第2週期 3 Li 鋰	4 Be 鈹											5 B 硼	
第3週期 11 Na 鈉	12 Mg 鎂											13 Al 鋁	
第4週期 19 K 鉀	20 Ca 鈣	21 Sc 鈧	22 Ti 鈦	23 V 釩	24 Cr 鉻	25 Mn 錳	26 Fe 鐵	27 Co 鈷	28 Ni 鎳	29 Cu 銅	30 Zn 鋅	31 Ga 鎵	
第5週期 37 Rb 銣	38 Sr 鍶	39 Y 釔	40 Zr 鋯	41 Nb 鈮	42 Mo 鉬	43 Tc 鎝	44 Ru 釕	45 Rh 銠	46 Pd 鈀	47 Ag 銀	48 Cd 鎘	49 In 銦	
第6週期 55 Cs 銫	56 Ba 鋇		72 Hf 鉿	73 Ta 鉭	74 W 鎢	75 Re 錸	76 Os 鋨	77 Ir 銥	78 Pt 鉑	79 Au 金	80 Hg 汞	81 Tl 鉈	
第7週期 87 Fr 鍅	88 Ra 鐳		104 Rf 鑪	105 Db 𨧀	106 Sg 𨭎	107 Bh 𨨏	108 Hs 𨭆	109 Mt *䥑	110 Ds 鐽	111 Rg 錀	112 Cn 鎶	113 Nh 鉨	

原子序（原子核所含的質子數）
元素符號
元素名稱

過渡元素：第3～12族的元素。有些文獻會將其定義為第3～11族的元素，但日本化學會在2018年建議將第12族的元素也包含在內。

鑭系元素

57 La 鑭	58 Ce 鈰	59 Pr 鐠	60 Nd 釹	61 Pm 鉕	62 Sm 釤	63 Eu 銪	64 Gd 釓	65 Tb 鋱	66 Dy 鏑	H
89 Ac 錒	90 Th 釷	91 Pa 鏷	92 U 鈾	93 Np 錼	94 Pu 鈽	95 Am 鋂	96 Cm 鋦	97 Bk 鉳	98 Cf 鉲	E

錒系元素

現正受矚目的元素一目瞭然！

週期表中發光的元素，就是這次在特輯中所提及受到關注的元素。

60 Nd 釹　「擺脫稀土」正是最新趨勢→第28頁

92 U 鈾　鈾的價格為何創下2011年以來的最高紀錄？→第30頁

27 Co 鈷　沉眠在海底的富鈷殼將帶領日本邁向資源大國？→第32頁

28 Ni 鎳　近年來稀有金屬的需求急遽增加，正在進行鎳的爭奪戰？→第34頁

13 Al 鋁　鋁的精煉消耗大量電力，「綠色鋁材」與「回收」受到矚目→第36頁

1 H 氫　實現「氫能社會」，將左右人類在21世紀的走向→第22頁

3 Li 鋰　鋰電池在手機與電動車中大顯身手。現在也正在研發替代鋰的材料→第24頁

4 Be 鈹　又輕又牢固的鈹，使用於最新的望遠鏡→第26頁

6 C 碳　第14族是生命與半導體的骨架，「鑽石半導體」正在開發中→第38頁

7 N 氮　氮肥帶來了睽違100年的革命。在肥料、燃料與發電方面的應用備受期待→第40頁

9 F 氟　無法在環境中分解的「永遠化學物質」。對氟化物的規定倘若進一步緊縮會如何？→第42頁

2 He 氦　氦的供給量不足，對研究現場造成影響→第44頁

119 Uue Ununennium　尚未發現的第119種元素，有辦法以人工製造嗎？→第46頁

現在備受矚目的元素是這個！
從週期表看世界情勢

第15族	第16族	第17族	第18族
			2 He 氦
7 N 氮	8 O 氧	9 F 氟	10 Ne 氖
15 P 磷	16 S 硫	17 Cl 氯	18 Ar 氬
33 As 砷	34 Se 硒	35 Br 溴	36 Kr 氪
51 Sb 銻	52 Te 碲	53 I 碘	54 Xe 氙
83 Bi 鉍	84 Po 釙	85 At 砈	86 Rn 氡
115 Mc 鏌	116 Lv 鉝	117 Ts 鿬	118 Og 鿫

68 Er 鉺	69 Tm 銩	70 Yb 鐿	71 Lu 鎦
100 Fm 鐨	101 Md 鍆	102 No 鍩	103 Lr 鐒

新聞中會出現各式各樣的元素，例如從全球暖化對策的角度來看，最重要的元素就是「碳」。各國都為了淨零碳排（Net Zero Emissions）而努力，希望減少造成全球暖化的溫室氣體二氧化碳。而不產生二氧化碳的「氫」，就成為取代化石燃料的新世代能源選項而備受期待。

至於新聞中討論度最高的就是「稀有金屬」。鋰、鎳、鈷、鈀等稀有金屬，是製造汽車等高機能產品不可或缺的元素。**但這些元素的產地有限，價格容易隨著需求的增減與政治情勢而改變。為了確保稀有金屬資源，各國展開激烈的競爭。**

只要學習週期表就能更深入理解世界

週期表中的同族元素，彼此具有相似的性質。同族元素「最外層」（詳見左頁）的電子數相同，**因此週期表也成為開發新材料的指引**。第1族的鋰是一種稀有金屬，為鋰電池的材料。鋰也使用於電動車的電池，因此近年來的需求增加，價格跟著水漲船高。現在也正使用同樣屬於第1族的鈉與鉀取代鋰，繼續開發電池。第14族的矽，則是矽半導體（Si semiconductor）的主成分，對於我們的生活已經不可或缺。而同屬第14族的碳，也有機會成為半導體材料。由碳製成的「鑽石半導體」（diamond semiconductor）與矽半導體相比，散熱性、耐電壓性、耐放射線性都更加優異，是備受矚目的終極材料。

從下一頁起，將以元素背後的資源競爭、與同族元素之間的關聯性等為中心，解說現在值得關注的元素。希望能透過週期表這項人類智慧的結晶，進一步理解現代社會。

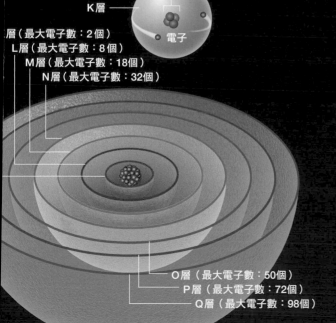

氦原子（原子序2）

原子核

K層

電子

K層（最大電子數：2個）
L層（最大電子數：8個）
M層（最大電子數：18個）
N層（最大電子數：32個）

O層（最大電子數：50個）
P層（最大電子數：72個）
Q層（最大電子數：98個）

最外層的電子數量，決定元素的性質

原子核的周圍，環繞著數量與質子數（原子序）相同的電子。圍繞著原子核的「電子殼層」不只一個，而每個電子殼層所能填入的最大電子數量有各自的規定。舉例來說，最內側的「K層」最多只能填入2個電子。K層填滿之後，接著填入其外側的L層，L層填滿就再進一步填入外側的M層，電子就像這樣由內而外依序填入。L層所能填入的最大電子數是8個，M層是18個，距離原子核愈遠，所能填入的電子數量就愈多。填入電子的電子殼層中，距離原子核最遠的稱為「最外層」，將影響元素的性質。週期表同族的元素中，最外層的電子數量基本上相同，譬如第1族是1個，第2族是2個。

實現「氫能社會」，將左右人類在21世紀的走向

週期表第1個登場的元素是氫（H）。氫由1個質子與1個電子組成，構造最單純。

氫雖然是第1族的元素，但性質卻與其他第1族的元素大不相同，是其中唯一的非金屬元素。氫以外的第1族元素稱為鹼金屬，單質（由單一元素形成的物質）狀態下為固體，具有碰到水會產生爆炸性反應的性質。至於氫的單質在常溫下則是氣體，以兩種原子結合而成的雙原子分子（H_2）形式存在，反應性不像鹼金屬那麼強烈。

氫是不產生二氧化碳的綠能

氫現在作為取代化石燃料的新世代能源而受到矚目。因為氫屬於不會產生二氧化碳的綠能，可透過燃燒轉動引擎，當成燃料電池的燃料使用。燃料電池是使用氫與大氣中的氧來發電的裝置，排出的廢棄物只有水，也不會產生噪音。目前已實際用於燃料電池車與家用發電裝置當中。

氫還有項優點，是能透過電解水製造出來。**使用太陽能發電等再生能源將水電解，以友善環境的方式製造出來，稱為「綠氫」（green hydrogen）。而製造、儲藏綠氫，並將儲藏的氫使用於日常生活及工業活動的社會，就稱為「氫能社會」**（如圖）。

為了有效率地儲藏、運送氫，必須透過加壓、液化等方式減少其體積。但是高壓氫會滲入金屬縫隙，使金屬出現「氫脆化」（hydrogen embrittlement），變得容易碎裂。此外，透過液化縮小體積，需要把溫度降低到負253℃，耗費的成本相當高。因此**正在進行儲藏、運輸技術相關的研究，譬如開發「儲氫合金」（hydrogen storage alloy），使氫能吸附於固體儲藏等**。

目前全世界都著手採取各種措施，希望在2050年之前能達成「碳中和」（carbon neutral），實現淨零排放的目標，這將關係到氫能社會的實現。

原子序 —— 1
元素符號 —— **H**
元素名稱 —— 氫
電子的配置
藍色線代表電子的軌域，藍色球代表最外殼層的電子與填入「還有空位的內側軌域」的電子。不過，若最外殼層為閉合殼層（電子填滿的狀態），就不畫出電子。

單質為氣體

不易燃燒的安全儲氫合金

照片中是由日本產業技術綜合研究所開發，以鐵與鈦為原料的儲氫合金。傳統的儲氫合金具有容易起火的問題，但這種合金不易燃燒，未被列為消防法的公共危險物品，不需要特殊的設施，也不需要專家組成的管理體制。日本產總研福島再生能源研究所與清水建設共同進行了試驗，將大樓太陽能板的剩餘電力來製造氫，由這種合金吸收儲藏，必要時再將氫取出，使用於燃料電池進行發電。

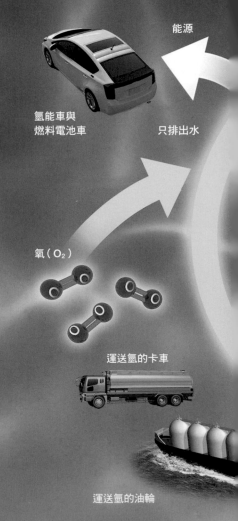

能源
氫能車與燃料電池車
只排出水
氧（O_2）
運送氫的卡車
運送氫的油輪

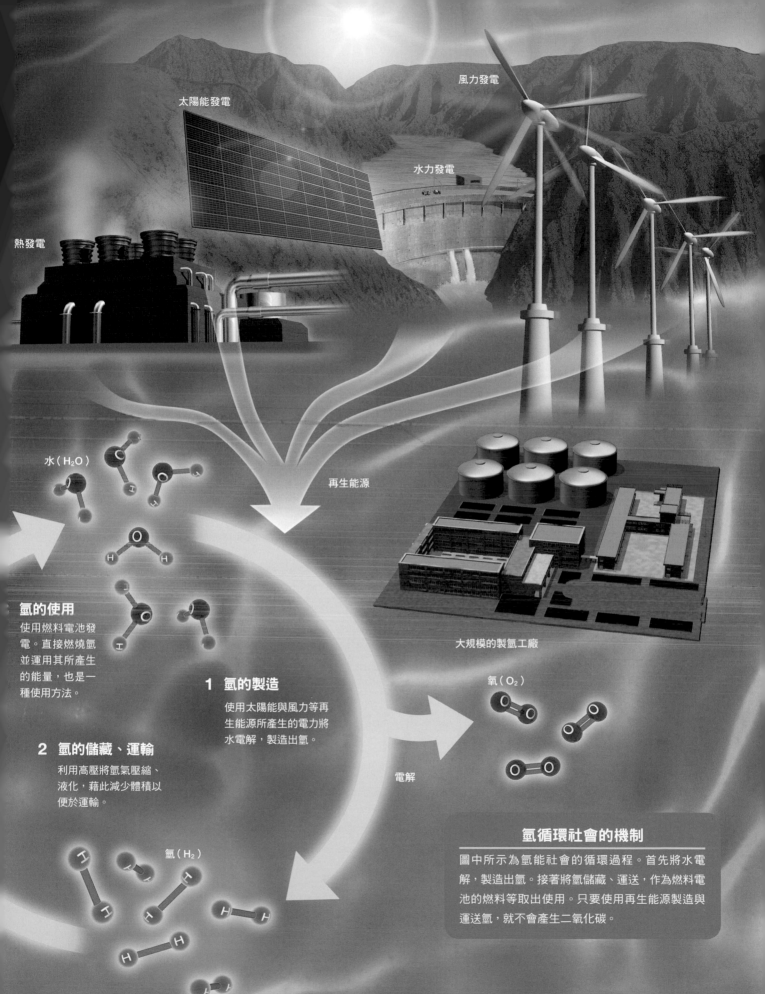

太陽能發電

風力發電

水力發電

熱發電

水（H_2O）

再生能源

大規模的製氫工廠

氫的使用

使用燃料電池發電。直接燃燒氫並運用其所產生的能量，也是一種使用方法。

1 氫的製造

使用太陽能與風力等再生能源所產生的電力將水電解，製造出氫。

氧（O_2）

2 氫的儲藏、運輸

利用高壓將氫氣壓縮、液化，藉此減少體積以便於運輸。

電解

氫循環社會的機制

圖中所示為氫能社會的循環過程。首先將水電解，製造出氫。接著將氫儲藏、運送，作為燃料電池的燃料等取出使用。只要使用再生能源製造與運送氫，就不會產生二氧化碳。

氫（H_2）

最外層電子

失去一個電子

變成空位的電子軌域

鋰（Li）　　　　　鋰的陽離子（Li⁺）

Li	K	Ca	Na	Mg	Al
第1族	第1族	第2族	第1族	第2族	第13族

← 容易變成陽離子　　　　　　　不易變成陽離子

電子　　　　　鋰離子

負極（石墨）　　隔離膜　　正極（鋰鈷氧化物）

電解液

鋰電池的機制

鋰電池由正極、負極、作為離子通道的電解液、避免電極彼此接觸的隔離膜組成。正極使用鋰鈷氧化物（LiCoO₂）、鋰鎳氧化物（LiNiO₂）或鋰錳氧化物（LiMn₂O₄）等含有鋰的物質製成，負極則使用能捕捉鋰離子的石墨等製成。使用電池時，電子在導線內從負極流向正極，鋰離子則在電解液中移動。充電時則發生逆反應，鋰離子從正極往負極移動變回鋰。

**第1族
3 鋰**

鋰電池在手機與電動車中大顯身手，也在研發替代鋰的材料中

第1族的元素除了氫之外，皆稱為鹼金屬。鹼金屬的最外殼層（電子填入的電子殼層中，位於最外側的殼層）只有1個電子，傾向將電子轉移給其他物質，變成更穩定的陽離子（帶有正電荷的離子）。<u>因此鹼金屬非常容易與其他物質產生反應。</u>

<u>鹼金屬元素的特性是都非常輕，而且柔軟，幾乎用小刀就能切斷。其中最輕的鋰，密度大約只有水的一半。</u>

鋰為什麼是最適合製成電池的材料

鋰電池屬於一種能反覆充電和放電的二次電池，用於手機至電動車等各種場合。鋰電池採用將正極與負極配置於電解液中的結構，在負極失去電子的鋰離子，透過往正極移動來使電路通電（左上圖）。<u>鋰在所有元素中，最容易將電子轉移給其他元素，因此最適合作為電池的材料。</u>鋰

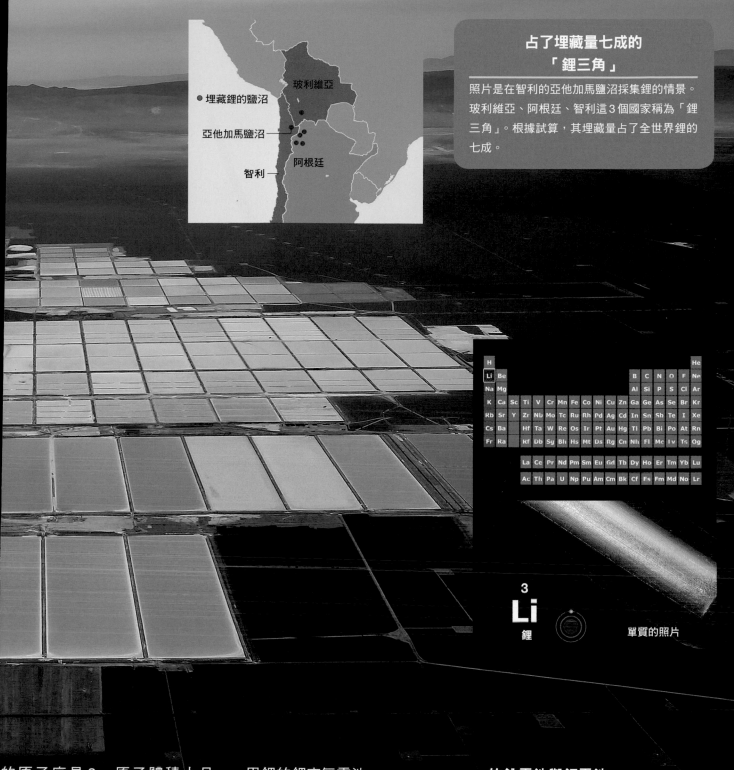

占了埋藏量七成的「鋰三角」

照片是在智利的亞他加馬鹽沼採集鋰的情景。玻利維亞、阿根廷、智利這3個國家稱為「鋰三角」。根據試算，其埋藏量占了全世界鋰的七成。

埋藏鋰的鹽沼

玻利維亞

亞他加馬鹽沼

智利

阿根廷

3
Li
鋰

單質的照片

的原子序是3，原子體積小且輕，因此也具有能讓電池小型化、輕量化的優點。

由此可知，鋰是一種優秀的電池材料。因此，除了現在已經實用化的鋰電池之外，現在也積極地開發各種使用鋰的新世代電池，譬如鋰金屬電池、將電解質製成固體的全固體電池、負極使用鋰的鋰空氣電池。

同為第1族的元素成為取代鋰的選項

鋰是在地殼中的含量只有0.002%的稀少資源。隨著電動車的普及，鋰的價格也跟著水漲船高。因此，現在也正在研究使用同為第1族的鈉與鉀來取代鋰的鈉電池與鉀電池。

地殼與海水中存在著豐富的鈉與鉀，因此不需要擔心資源枯竭。事實上，現在也已經確定使用鈉與鉀的二次電池能夠運作。鈉電池與鉀電池發揮資源豐富的優勢，能以更低廉的價格製造，因此可望作為儲存再生能源或剩餘電力的大型電池。

H																	He
Li	Be											B	C	N	O	F	Ne
Na	Mg											Al	Si	P	S	Cl	Ar
K	Ca	Sc	Ti	V	Cr	Mn	Fe	Co	Ni	Cu	Zn	Ga	Ge	As	Se	Br	Kr
Rb	Sr	Y	Zr	Nb	Mo	Tc	Ru	Rh	Pd	Ag	Cd	In	Sn	Sb	Te	I	Xe
Cs	Ba	Hf	Ta	W	Re	Os	Ir	Pt	Au	Hg	Tl	Pb	Bi	Po	At	Rn	
Fr	Ra	Rf	Db	Sg	Bh	Hs	Mt	Ds	Rg	Cn	Nh	Fl	Mc	Lv	Ts	Og	

La	Ce	Pr	Nd	Pm	Sm	Eu	Gd	Tb	Dy	Ho	Er	Tm	Yb	Lu
Ac	Th	Pa	U	Np	Pu	Am	Cm	Bk	Cf	Es	Fm	Md	No	Lr

單質的照片

4
Be
鈹

12
Mg
鎂

單質的照片

使用於新世代新幹線
車廂地板的鎂合金

日本JR東日本開發中的新世代新幹線ALFA-X,正在進行車廂行駛測試,其地板材料使用的就是鎂合金。現在的新幹線等鐵路車輛使用的多半是鋁合金,而這次使用的鎂合金與鋁合金相比,重量減少了約23%。

第2族 4 鈹

又輕又牢固的鈹，使用於最新的望遠鏡

第2族的元素全部是金屬。**最外殼層的電子有2個，因此不像第1族那麼容易釋放出電子。這些元素也被稱為「鹼土金屬」**※。

用於韋伯太空望遠鏡的主鏡

鈹是一種輕巧堅硬的金屬，也被使用於2022年7月首度發表拍攝照片的韋伯太空望遠鏡（James Webb Space Telescope，JWST）。韋伯太空望遠鏡是在美國太空總署（NASA）主導下開發的紅外線觀測用太空望遠鏡，於2021年12月發射升空。其主鏡由18片鈹製的六角形鏡片組合而成，直徑約6.5公尺（左側照片）。**用於外太空的望遠鏡必須輕巧，能承受發射升空時的振動，在極低溫的宇宙環境之下也要盡可能不變形。鈹就因為輕巧不易變形的特性而雀屏中選。**

有助於輕量化的鎂合金

鎂是最輕的實用金屬，重量約只有鐵的4分之1，鋁的3分之2。純鎂雖然柔軟，但鎂合金堅硬輕巧，導熱性優異，因此被使用於筆記型電腦、手機、單眼相機的機身、引擎與方向盤等汽車零件、自行車與輪椅的骨架等需要輕量化的材料。**耐熱性低雖然是一大缺點，但隨著近年來的研究，鎂合金的使用範圍愈來愈廣，甚至可作為新世代新幹線的地板材料**（左下照片）。

鎂在地球上的含量豐富，現在也活用此優點，研究其作為電池材料的可能性。1次電池（無法充電，只能單次使用）「鎂空氣電池」就使用俯拾即是的材料製成，其正極是空氣中的氧，負極是金屬鎂，電解液則是食鹽水。至於「鎂離子電池」則是原理和鋰電池相同的2次電池。一個鎂原子能釋放出兩個電子，因此電池容量可達到鋰電池的2倍。

※：鹼土金屬為第2族的鈹（Be）、鎂（Mg）、鈣（Ca）、鍶（Sr）、鋇（Ba）、鐳（Ra）。

「擺脫稀土」正是最新趨勢

週期表中原子序57到71的這15種元素，統稱鑭系元素（像鑭的元素）。而鑭系元素加上原子序21的鈧與39的釔（兩者都是第3族），共17種元素統稱稀土元素（rare earth element）。**這些全部都是稀有金屬，只需少量添加即可使材料附加新的功能，因此也被稱為「工業維生素」。**

稀土元素中，原子序57到63的稱為輕稀土，除外的則稱為重稀土。輕稀土的產地分散在全世界，重稀土則幾乎只能從中國南方的特定區域取得。稀土通常在混合物的狀態下產出。所有稀土元素的最外殼層電子數都是3個，彼此性質類似，相當難以分離，再加上其中含有放射性元素，因此需要做好安全對策，在取得方面並不容易。

能找到取代「釹磁鐵」的材料嗎？

由於取得稀土的難易度令人擔憂，因此現在也努力試著「擺脫稀土」，希望無須使用稀土也能實現類似功能。舉例來說，釹是釹磁鐵的主要原料，而釹磁鐵是吸力最強的磁鐵，對於電動車的驅動馬達等需要動力的情況不可或缺。此外，使用於智慧型手機的小型強力磁鐵，以及汽車中容易變得高溫的驅動馬達等，為了加強耐熱性，也會添加同屬稀土的鏑。

為了減少釹的使用，現在也正在開發以價格較低的稀土鈰取代釹，並提升磁力的磁鐵。此外也在研究將鏑的使用量減半，卻能實現更高磁力的釹磁鐵。

使用「鐵鎳超晶格」（FeNi superlattice）製造無稀土磁鐵的研究也同時在進行中。鐵鎳超晶格指的是鐵層與鎳層規則配置的結構（下圖）。**最初從隕石中發現，原本以為無法人工製造，但日本電裝公司（Denso Corporation）等的研究團隊卻在近年成功合成出來。這種結構具有與釹磁鐵匹敵的磁力，也具備耐熱性，因此作為不受資源風險影響的磁鐵而備受期待。**

1 鐵磁鐵

每個鐵原子都具有N極與S極。鐵磁鐵中鐵原子的N極與S極排列方向容易變得混亂，因此磁力也會變弱。

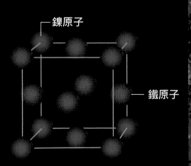

鐵鎳超晶格結構

一般鐵鎳合金的鐵原子與鎳原子呈不規則排列，至於鐵鎳超晶格的鐵原子及鎳原子則如上圖般規則排列。規則性愈高，就愈有可能成為強力磁鐵。高純度的鐵鎳超晶格磁鐵，擁有的磁力堪與釹磁鐵匹敵。

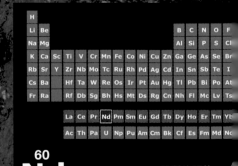

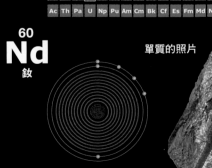

60
Nd
釹

單質的照片

2010年的「稀土危機」讓日本加速擺脫對鏑的依賴

有個事件可讓大家藉此瞭解擺脫稀土依賴性的重要，那就是中國政府曾採取禁止對日本出口稀土的措施。起因是2010年時，中國的漁船與日本海上保安廳的艦船在尖閣諸島（釣魚臺）海域發生碰撞。日本的稀土需求量很大，並幾乎都從中國進口，隨著中國的禁輸，價格一口氣上漲了十幾倍。因為這起事件，日本開始著手開發不使用鏑的耐熱性磁鐵。除此之外，也為了解決對單一稀土產地的依賴，積極探查新的稀土礦床。

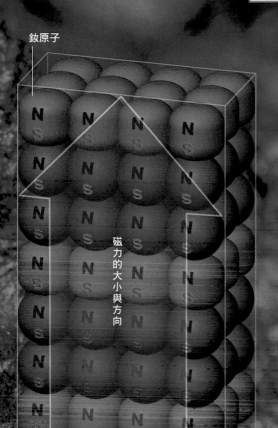

釹原子

磁力的大小與方向

電腦的硬碟

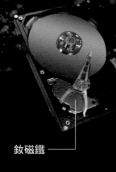

釹磁鐵

2 釹磁鐵
含有釹原子的磁鐵，具有讓鐵原子的排列方向不易變得散亂的特性，因此釹磁鐵的磁力非常強，遠高於鐵磁鐵。

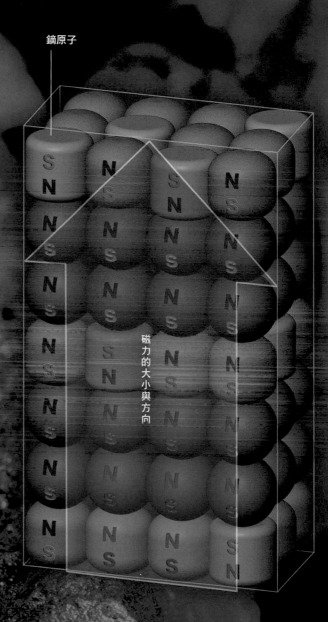

鏑原子

磁力的大小與方向

汽車馬達

線圈

含有鏑的釹磁鐵

軸

3 含有鏑的釹磁鐵
含有鏑原子的釹磁鐵，即使溫度升高也不會打亂鐵原子的排列方向。但鏑的磁性方向與鐵原子相反，因此磁力比釹磁鐵稍弱。

世界最強大的釹磁鐵

插圖是單純化的磁鐵晶體構造。將鐵製磁鐵與釹混合，磁力會增強。而釹磁鐵與鏑混合雖然會稍微減弱磁力，卻具備耐熱性。

鈾的價格為何創下2011年以來的最高紀錄？

隸 屬於第3族第7週期的錒到鐒，共有15種，統稱錒系元素。**錒系元素全部都是放射性元素，原子核相當不穩定，會隨著時間經過，釋放出放射線並衰變成其他元素。**

作為核能發電燃料使用的鈾，也屬於錒系元素。核電廠使用的是鈾同位素之一的鈾235。同位素指的是原子核中質子數相同，中子數不同的元素。235是質子與中子相加起來的數量，天然存在的鈾同位素還有鈾238與234。**鈾235與中子碰撞，會發生「核分裂反應」（nuclear fission reaction）並產生莫大的能量，發電廠就是利用這股能量來發電。**

▎左右碳中和達成率的鈾

鈾的主要產地是哈薩克、加拿大、澳洲，這3個國家占了總產量的5成以上，而產量前12大的國家則占了總產量的9成以上（下方地圖）。鈾的價格在2011年日本福島的第一核電廠發生事故後逐漸下滑，但近年來又有上漲的趨勢。2022年已經漲到事故發生以來的最高價。

其背景在於各國開始致力於碳

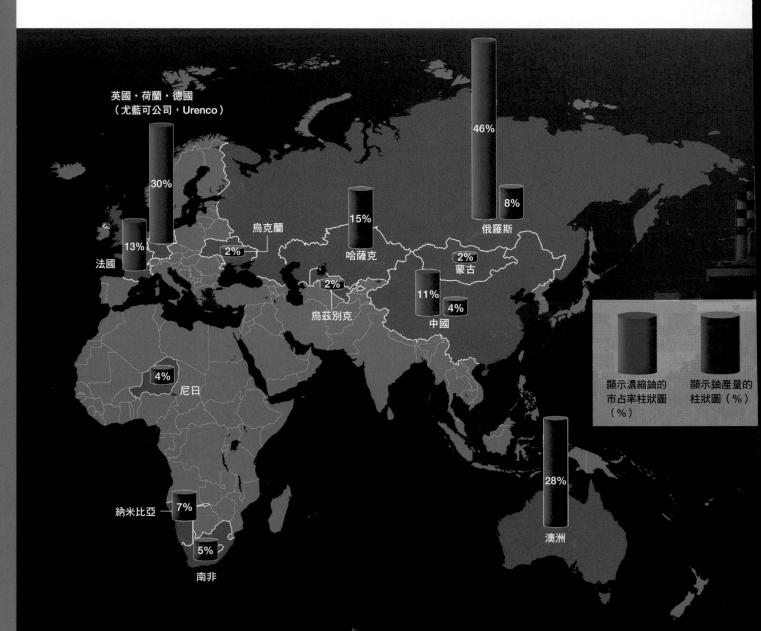

英國·荷蘭·德國（尤藍可公司，Urenco）30%
法國 13%
烏克蘭 2%
烏茲別克 2%
哈薩克 15%
俄羅斯 46% 8%
蒙古 2%
中國 11% 4%
尼日 4%
納米比亞 7%
南非 5%
澳洲 28%

顯示濃縮鈾的市占率柱狀圖（％）
顯示鈾產量的柱狀圖（％）

中和（carbon neutrality）※。一般認為，使用再生能源等減少目前排出的二氧化碳量有其極限，因此歐美各國為了達成減碳目標，試圖減少火力發電，改以核能發電取代。

儘管核電的放射性廢棄物處理仍然是個課題，歐盟委員會在2022年1月判斷經濟活動是否對地球而言具有永續性的「歐盟永續分類標準」（EU Taxonomy）中，將核電涵蓋於「碳中和過渡期必要的經濟活動」方案中。

鈾的濃縮技術掌握在俄羅斯手裡

此外，俄羅斯對烏克蘭的侵略，也對鈾產生了影響。因為「濃縮鈾」的技術，大部分掌握在俄羅斯手裡。

鈾235的含量只占天然鈾的0.7％，其餘的99.3％都是不會核分裂的鈾238。**鈾濃縮就是如果要使用鈾作為核燃料時，必須將鈾235的濃度提高到2～5％。這需要非常高度的技術，且只有極少數國家擁有這項技術**。在濃縮技術的市場中，俄羅斯的國營企業俄羅斯國家原子能公司（Rosatom）占了近半的市占率。企圖回歸核能的歐美各國，雖然在能源政策上持續擺脫對俄羅斯的依賴，但核能方面，鈾的濃縮技術仍是一大課題。

※：組織、企業、國家透過使用低碳能源取代石化燃料或造林、以工程技術等，將所直接或間接產生的二氧化碳排放量正負抵銷掉。

鈾的資源分布與濃縮鈾的市占率

左側的世界地圖將2019年1月的鈾資源量市占率以紅色圓柱表示，2020年的鈾濃縮能力市占率則以紫色圓柱表示。有能力將鈾濃縮的主要企業，只有俄羅斯、英國‧荷蘭‧德國合作、法國、中國等4家公司。

9%
加拿大

5%
巴西

92
U
鈾

鈾礦石

※：鈾的產量圖，根據日本原子能產業協會「鈾2020 ── 資源、生產、需求」製作。濃縮鈾的市占率圖，根據世界核能協會核燃料報告製作。

沉眠在海底的富鈷殼將帶領日本邁向資源大國？

過渡元素全部都是金屬，是第3族到第12族元素的總稱。**絕大多數過渡元素的最外層電子數都是1個或2個，因此這些元素不只在週期表上的縱列性質相似，橫列也相似。**

電子通常從內側殼層先填入，但過渡元素最外殼層往內一層的電子殼層卻留有空位。最外殼層的電子維持1個或2個，隨著原子序增加，內側殼層逐漸被電子填滿。因此即使是不同族，最外殼層的電子數依然相同。

全球首度成功開採富鈷殼

鈷是稀少的稀有金屬，也是鋰電池的重要材料。日本能源和金屬礦物資源機構（JOGEMC）在2021年進行挖掘測試，率先全球成功開採「富鈷殼」（cobalt-rich crust）。

「錳殼」（manganese crust）是存在於水深800～2400公尺處的瀝青狀氧化物。錳殼中含有錳、銅、鎳、鈷等有用的金屬，其中鈷含量最高的則稱之為「富鈷殼」。

富鈷殼大量發現於中、西太平洋海底山脈的山頂到斜坡處（水深800公尺至2500公尺）。這種岩石是以鐵與錳為主成分的氧化物，鈷含量僅約0.9%。但這樣的含有率已經是錳核（manganese nodule）的3～5倍，與陸地產出的鈷礦石相比毫不遜色。此外，富鈷殼中也含有稀有金屬鉑與稀土元素。

日本的稀土元素目前必須仰賴進口。但日本的面積若涵蓋海域，卻是全世界排名第6的國家，倘若能從海底取得資源，成為資源大國指日可期。

鈷也是「衝突礦產」

鈷與多數稀有金屬一樣，只有少數國家生產。絕大多數的鈷產於剛果，但因為政治局勢不安定，供給也不穩定，甚至成為紛爭當事者的資金來源，因此也稱為「衝突礦產」。半數以上的鈷都用來製造電池，基於供給不穩定與人道觀點，也正在研究替代材料。現在也出現了搭載不含鈷、鎳的鋰電池電動車。

富鈷殼

錳殼

甲烷水合物

錳核

○ 海底熱液礦床

※錳殼、甲烷水合物、錳核的分布，參考《海底錳礦的地球科學》（東京大學出版會出版）製作。

JOGMEC 成功開採富鈷殼
散布在海底的富鈷殼照片。雖然成因並不清楚，但多數發現於古老的海底山脈。推測為海水中的成分，以每100萬年1～6毫米的速度緩慢成長。

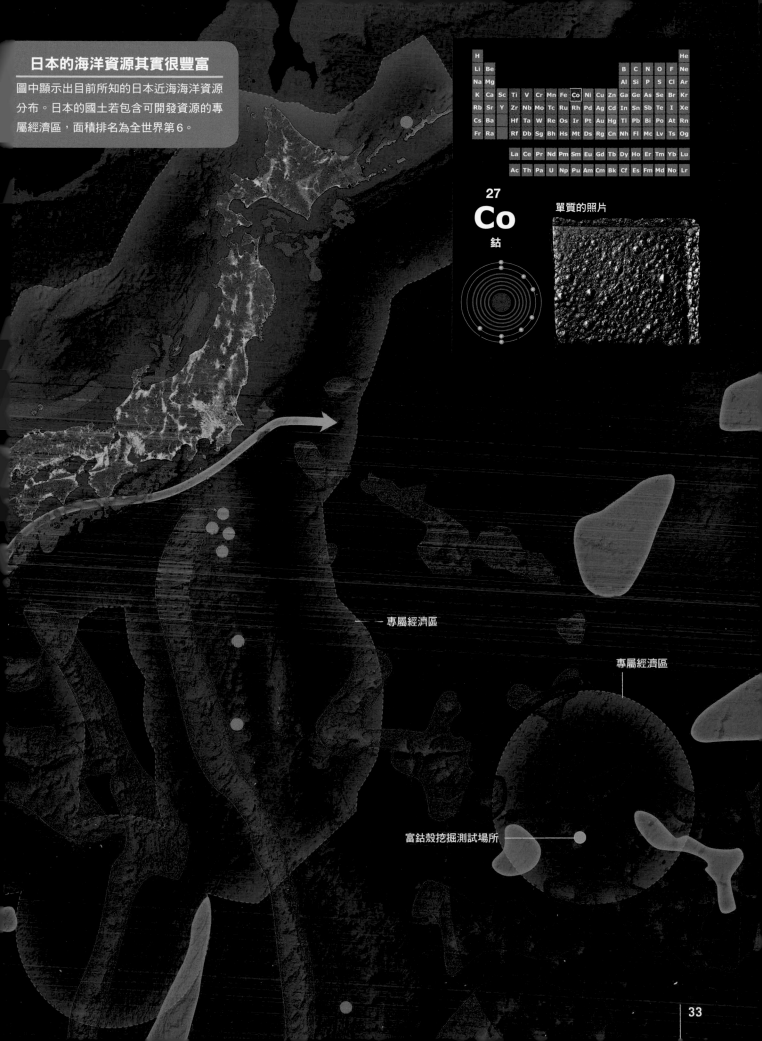

27
Co
鈷

單質的照片

專屬經濟區

專屬經濟區

富鈷殼挖掘測試場所

第10族 28 鎳
近年來稀有金屬的需求量急遽增加，用於電動車的鎳正展開爭奪戰

稀有金屬是名符其實的稀少金屬，**指的是在工業上能發揮作用，卻難以穩定取得的金屬，而非根據元素的物理、化學性質分類**。有些稀有金屬產地有限，開採與流通容易受到社會局勢左右，有些埋藏量雖多，但精煉（從礦石中取得純粹金屬）技術卻很困難。

稀有金屬幾乎全都屬於第3族到第12族的過渡元素。

高功能的合金與發揮新功能的稀有金屬

若將稀有金屬添加到鐵與鋁中，就能製成機能性更高的金屬，譬如不容易生鏽，或增加強度等。**除此之外，稀有金屬對於半導體雷射、發光二極體（light emitting diode，LED）、儲氫合金等有特殊功能的材料也不可或缺**。

第10族的鎳就是一種稀有金屬，使用於以不鏽鋼為首的合金與特殊鋼材。產量最多的國家是印尼，占了全世界的24％。鎳也使用於電動車搭載的鋰電池正極，因此價格節節高升。2022年底曾來到久違的高價，英國金屬交易中心（LME）期貨盤中每公噸最高達31,470美元。

現在大量製造不鏽鋼與電動車的中國，陸陸續續在印尼成立鎳的冶煉工廠。電動車的製造從原料調度到材料生產、零件製造、組裝等，中間有許多工程，如果從材料生產開始都能由自己的國家進行，就能以穩定的價格製造產品。確保稀有金屬的生產，是國家級的重要課題。

鈀的價格漲幅超過鎳

第10族的鈀與鎳同樣是稀有金屬，價格也居高不下（2022年3月時突破歷史新高，每盎司突破3000美元）。鈀用於淨化汽車廢氣的觸媒，主要產地是俄羅斯，其價格因俄烏戰爭而變得不穩定。

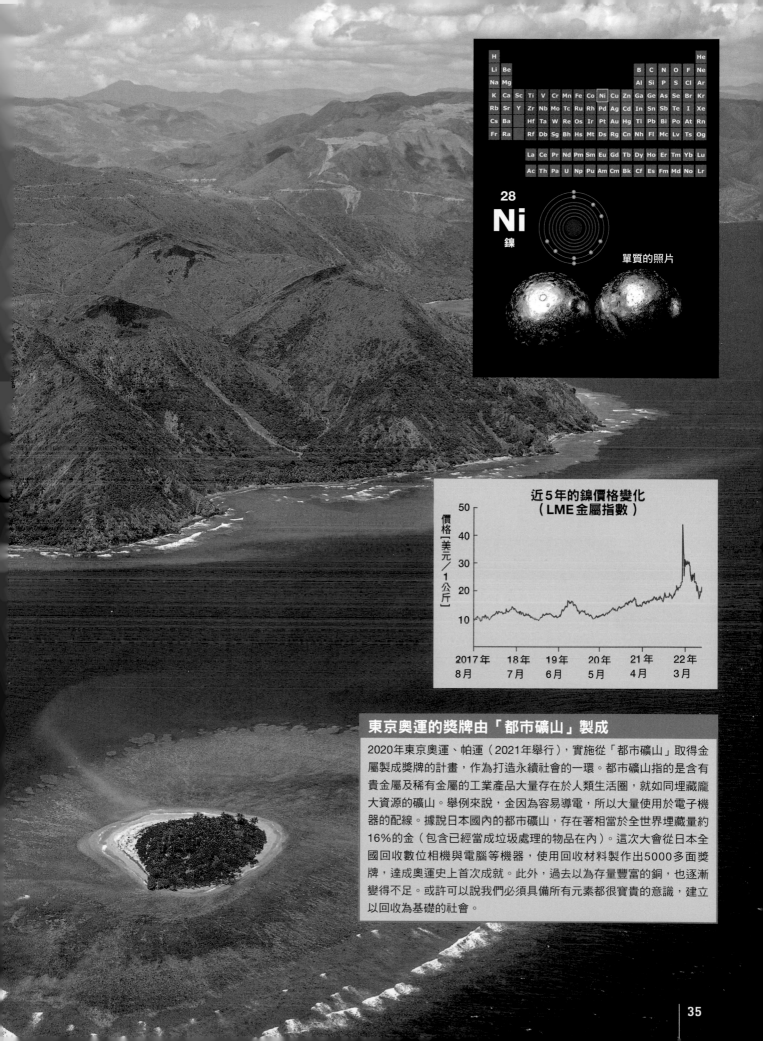

H																	He
Li	Be											B	C	N	O	F	Ne
Na	Mg											Al	Si	P	S	Cl	Ar
K	Ca	Sc	Ti	V	Cr	Mn	Fe	Co	Ni	Cu	Zn	Ga	Ge	As	Se	Br	Kr
Rb	Sr	Y	Zr	Nb	Mo	Tc	Ru	Rh	Pd	Ag	Cd	In	Sn	Sb	Te	I	Xe
Cs	Ba		Hf	Ta	W	Re	Os	Ir	Pt	Au	Hg	Tl	Pb	Bi	Po	At	Rn
Fr	Ra		Rf	Db	Sg	Bh	Hs	Mt	Ds	Rg	Cn	Nh	Fl	Mc	Lv	Ts	Og

La	Ce	Pr	Nd	Pm	Sm	Eu	Gd	Tb	Dy	Ho	Er	Tm	Yb	Lu
Ac	Th	Pa	U	Np	Pu	Am	Cm	Bk	Cf	Es	Fm	Md	No	Lr

28

Ni

鎳

單質的照片

近5年的鎳價格變化
（LME金屬指數）

價格〔美元／1公斤〕

50
40
30
20
10

2017年　18年　19年　20年　21年　22年
8月　　7月　　6月　　5月　　4月　　3月

東京奧運的獎牌由「都市礦山」製成

2020年東京奧運、帕運（2021年舉行），實施從「都市礦山」取得金屬製成獎牌的計畫，作為打造永續社會的一環。都市礦山指的是含有貴金屬及稀有金屬的工業產品大量存在於人類生活圈，就如同埋藏龐大資源的礦山。舉例來說，金因為容易導電，所以大量使用於電子機器的配線。據說日本國內的都市礦山，存在著相當於全世界埋藏量約16%的金（包含已經當成垃圾處理的物品在內）。這次大會從日本全國回收數位相機與電腦等機器，使用回收材料製作出5000多面獎牌，達成奧運史上首次成就。此外，過去以為存量豐富的銅，也逐漸變得不足。或許可以說我們必須具備所有元素都很寶貴的意識，建立以回收為基礎的社會。

鋁的精煉消耗大量電力，「綠色鋁材」與「回收」受到矚目

第13族元素稱為硼族元素（鉨除外）。最外層電子數是3個，除了硼是半金屬（性質介於金屬與非金屬之間的物質）之外，其餘都是金屬。**硼族元素中的鋁、鎵、銦、鉈經常使用於工業方面。**

鎵與銦現在用於半導體的材料。鎵使用於紅外線LED、藍色LED、半導體雷射，銦使用在顯示器等透明電極。至於原子序81的鉈，則使用於癌症與心臟病的影像診斷。

鋁對輕量化與節能帶來貢獻

鋁屬於卑金屬（base metal，社會中大量使用的金屬）之一，

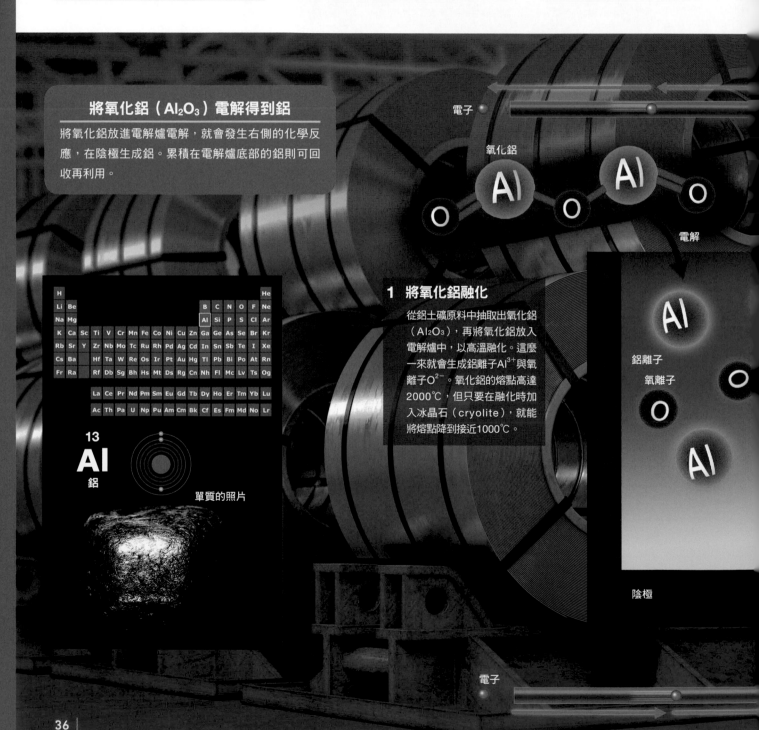

將氧化鋁（Al_2O_3）電解得到鋁

將氧化鋁放進電解爐電解，就會發生右側的化學反應，在陰極生成鋁。累積在電解爐底部的鋁則可回收再利用。

電子
氧化鋁
電解
陰極
電子

1 將氧化鋁融化

從鋁土礦原料中抽取出氧化鋁（Al_2O_3），再將氧化鋁放入電解爐中，以高溫融化。這麼一來就會生成鋁離子Al^{3+}與氧離子O^{2-}。氧化鋁的熔點高達2000℃，但只要在融化時加入冰晶石（cryolite），就能將熔點降到接近1000℃。

鋁離子
氧離子

13 Al 鋁

單質的照片

用量僅次於鐵。**鋁的重量很輕，只有鐵的3分之1，並且具有不容易生鏽的特性。純鋁的強度不高，但如果與銅、錳、鎂等各種金屬形成合金，就會變成輕巧、抗蝕且具有一定強度的材料。**飛機、汽車、鐵路車輛等都是愈輕愈節能，因此鋁合金的使用量也正在逐漸增加。更輕的材料還有內部有氣泡的發泡鋁（foamed aluminum），現在正研究運用於汽車。

鋁對於節能帶來如此大的貢獻，精煉時卻需要使用龐大的電能，因此也被稱為「電力罐頭」。**使用回收資源製造鋁鑄錠，可比使用礦石製造節省約3％的能源。現在日本消費的鋁，近7成都是回收鋁。**

鋁也和氫一樣，開始販賣生產過程中碳排量較少的「綠色鋁材」（green aluminum）。將氧化鋁電解取得鋁時，會需要使用大量電力，而綠色鋁材使用的電力則由再生能源供應。此外，將鋁電解時，碳的電極會與氧反應產生二氧化碳。現在將正極換成新材料，避免二氧化碳生成的精煉方法也邁入實用化。

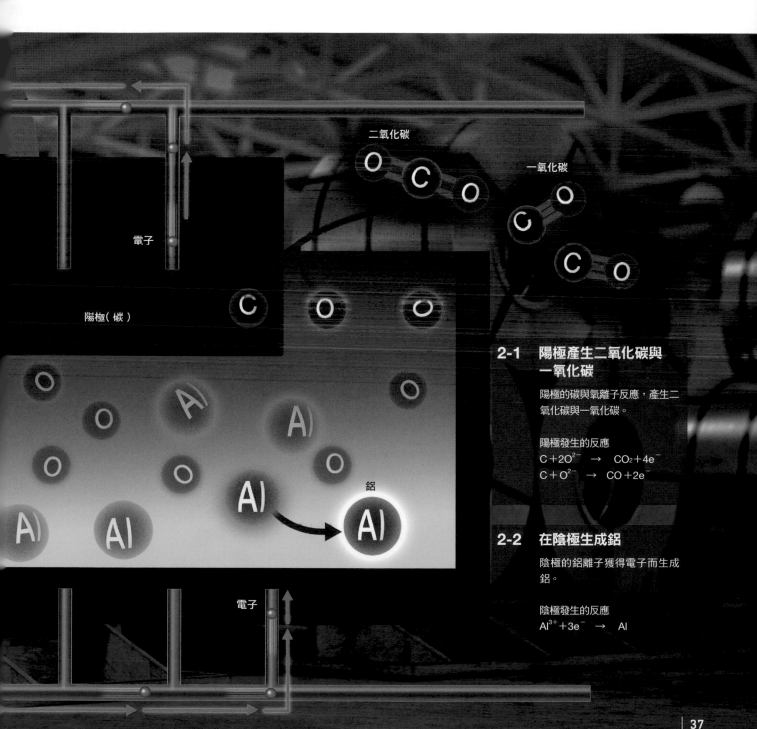

二氧化碳

一氧化碳

電子

陽極（碳）

鋁

2-1　陽極產生二氧化碳與一氧化碳

陽極的碳與氧離子反應，產生二氧化碳與一氧化碳。

陽極發生的反應
$$C + 2O^{2-} \rightarrow CO_2 + 4e^-$$
$$C + O^{2-} \rightarrow CO + 2e^-$$

2-2　在陰極生成鋁

陰極的鋁離子獲得電子而生成鋁。

陰極發生的反應
$$Al^{3+} + 3e^- \rightarrow Al$$

電子

第14族是生命與半導體的骨架，「鑽石半導體」也正開發中

第14族的六種元素稱為碳族元素，最外殼層都有4個電子，碳、矽、鍺的電子就像4隻手臂，與其他原子牢牢地結合在一起。**矽與鍺作為半導體使用於各種電子產品中，對社會而言是必要的材料。**

半導體的性質介於金屬般的導體，與橡膠般的絕緣體之間。矽與鍺利用4隻手臂與其他原子牢牢地結合在一起，通常幾乎不導電。但只要在其晶體中添加少量最外殼層的電子為3或5個的元素，就能在晶體中產生正電荷或負電荷，使電流通過晶體。「電晶體」（transistor）就巧妙地利用半導體的這項性質，作為控制電流開關的裝置，使用於電子產品中。

鑽石半導體是終極的半導體

最近由第14族的碳製成的鑽石，成為備受矚目的半導體材料。鑽石因為價格高昂、難以形成大塊晶體，而且還是加工困難的最堅硬物質，一直以來都無法作為半導體材料使用。**但鑽石即使施加高壓電也不易損壞，容易散熱能承受高溫，電荷的移動速度非常快等，具有這些作為半導體的理想特性。除此之外，對於**放射線（radioactive rays）的高耐受性也是其優點，就算放置在有大量放射線的宇宙空間使用，也不易失常或損傷。

日本佐賀大學的研究團隊在2021年製造出鑽石半導體，並且成功當作電晶體運作（右頁的照片與插圖）。目前正在持續研究如何實用化，並穩定改善輸出及工作電壓。

隨著現在的通訊容量變大，通訊速度變快，目前的半導體功能將有可能不敷使用。如果鑽石半導體能成功，或許也能用於嚴酷環境下運行的通訊衛星吧？

電晶體開啟時

含有少量 NO₂
的 Al₂O₃ 層

Al₂O₃ 層

閘極

源極　　　　　汲極

電洞

└ 電洞移動，電流流動

鑽石的晶體

電晶體關閉時

對閘極施加電壓

閘極

源極　　　　　汲極

└ 電洞消失，電流不再流動

在鑽石的晶體上製作許多電晶體

鑽石半導體的運作原理

上方照片是在鑽石晶體上製作的電晶體。若在鑽石晶體上覆蓋含有少量 NO_2 的 Al_2O_3 薄膜，就能在鑽石表面產生「電洞」。電洞帶有正電荷，能如電子般攜帶電流。電洞從源極移動至汲極，電流因而產生。如果對閘極施加電壓，電洞就會消失，電流也不再流動。電晶體就像這樣，透過閘極電壓的有無來控制電流的開關。

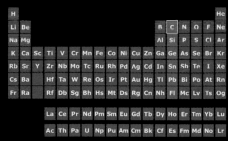

6
C
碳

單質的照片（石墨）

鑽石的晶體構造

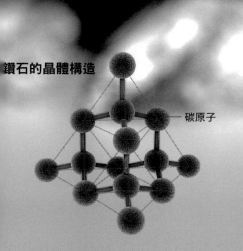

碳原子

氮肥帶來了睽違100年的革命。在肥料、燃料與發電方面的應用備受期待

第15族的氮、磷、砷、銻、鉍被稱為氮族元素。氮與磷對於植物的成長至關重要，也將它作為肥料使用。1906年於德國發明了「哈柏法」（Haber process），將大量存在於空氣中的氮轉換成氨，並成功製造出大量的氮肥，為農業生產帶來革命，直到今日仍然是重要的合成方法。

不過，氨的合成需要200～350大氣壓的高壓與500°C高溫，會用到相當龐大的能量。這是因為氮氣雖然只由2個氮原子組成，但這兩個氮原子彼此共用3個電子，換言之就是由3隻手臂緊密結合（三鍵），需要大量能量才能斷開。

哈柏法使用鐵系催化劑（catalyst，本身不會變化，但可以促進化學反應的物質，又稱

全新的氨合成催化劑

細野榮譽教授開發的催化劑具有一種名為「C12A7電子化合物」的籠狀結構，其表面附著了有助於合成氨氣的「釕奈米粒子」。當氮氣靠近釕奈米粒子時，存在於C12A7籠狀結構中的電子就會轉移到釕奈米粒子上，使氮氣的鍵結容易斷裂（1）。此外，雖然反應過程中生成的氫原子會覆蓋在奈米粒子表面，妨礙反應進行，但由於這些生成的氫原子被封閉在籠狀結構中，使得反應更容易進行（2）。

為觸媒），利用氫與大氣中的氮來合成氨。日本東京工業大學榮譽教授細野秀雄於2002年開發出新的催化劑，將氨的合成溫度降到300°C以下，氣壓降到30～50大氣壓。新的催化劑由稱為金屬水泥（metallic cement）※的材料與釕組成，現在已經由新創企業逐漸實用化。

氨氣社會能夠實現嗎？

長久以來，氨的生產都需要龐大的能源與耐壓容器，因此設備體積難免龐大。如果能夠以比較低的溫度以及壓力製造氨，不僅節約能源，也節省空間，也有望實現「在需要氨的地方生產所需的量」。倘若氨的地產地消成為可能，就不需要運輸與儲藏的成本了。

氨的材料是氫與大氣中的氮，只要使用再生能源將水電解製造出氫，就能以當地取得的材料與能源製造出肥料。而且氨除了能製造肥料之外，還是不產生二氧化碳的綠色燃料。**將氨使用於肥料、發電、燃料的「氨氣社會」或許在不久的將來就能實現。**

※：稱為「C12A7：e−」的金屬水泥是將水泥的成分如鈣鋁石（12CaO、7Al₂O₃）置入電子，成為導電度能與金屬匹敵的物質。

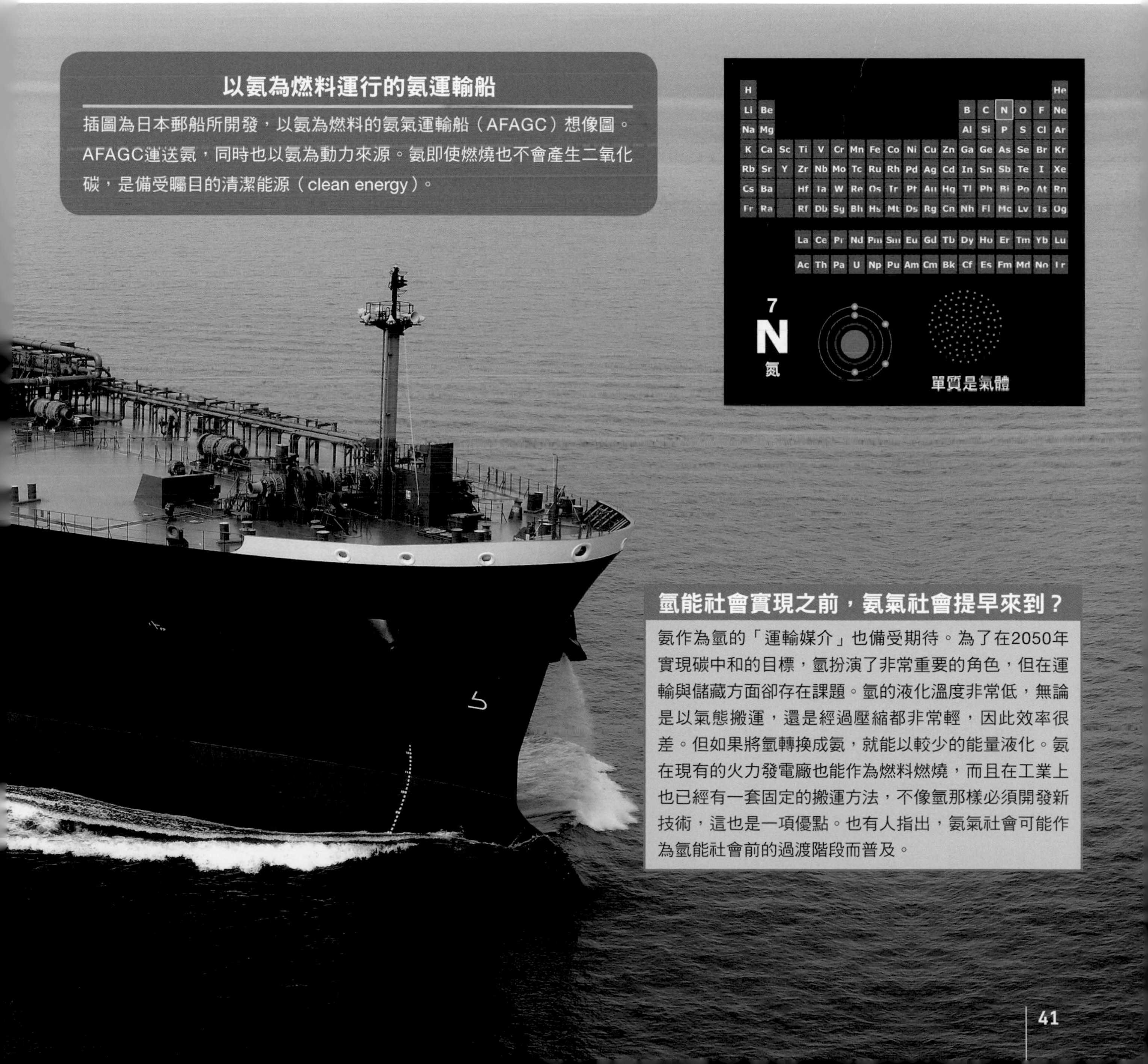

以氨為燃料運行的氨運輸船

插圖為日本郵船所開發，以氨為燃料的氨氣運輸船（AFAGC）想像圖。AFAGC運送氨，同時也以氨為動力來源。氨即使燃燒也不會產生二氧化碳，是備受矚目的清潔能源（clean energy）。

7
N
氮

單質是氣體

氫能社會實現之前，氨氣社會提早來到？

氨作為氫的「運輸媒介」也備受期待。為了在2050年實現碳中和的目標，氫扮演了非常重要的角色，但在運輸與儲藏方面卻存在課題。氫的液化溫度非常低，無論是以氣態搬運，還是經過壓縮都非常輕，因此效率很差。但如果將氫轉換成氨，就能以較少的能量液化。氨在現有的火力發電廠也能作為燃料燃燒，而且在工業上也已經有一套固定的搬運方法，不像氫那樣必須開發新技術，這也是一項優點。也有人指出，氨氣社會可能作為氫能社會前的過渡階段而普及。

無法在環境中分解的「永遠化學物質」。對於氟化物的規定倘若進一步緊縮會如何？

第 17族元素稱為鹵素，最外殼層的電子數是7個，還差一個即可將8個空位全部填滿，因此會試圖從其他原子獲取一個電子以致穩定。也因為這樣，鹵素的反應性非常高，容易與其他原子結合，形成各式各樣的化合物。

PFAS無法分解 在生物體內濃縮

鹵素中的氟，與我們的生活密切相關。全氟/多氟烷基物質（per- and polyfluoroalkyl substances，PFAS）是一種將烷烴（像鎖鏈一樣相連的碳原子上附著氫原子的有機化合物）的部分或全部氫原子由氟原子取代而成的化合物。

PFAS的種類多達4700種以上，屬於難以反應的穩定化合物，具備耐熱性與耐藥品性（與酸、鹼、氧化劑等各種化學品接觸時，不容易膨脹變形、受到侵蝕，達到隔絕效果）。生活周遭常見的PFAS應用，包括不沾鍋使用的鐵氟龍加工，食品用的耐水性包裝紙等。除此之外還能作為冷卻劑、塗層劑、介面活性劑等使用，應用範圍非常廣泛。

儘管PFAS非常便利，但也由於性質穩定，難以與其他物質發生反應，如果釋放到環境中，就會累積在生物體內無法分解，因而造成問題。這是因為碳與氟的鍵結特別牢固。舉例來說，PFAS之一的全氟辛烷磺酸（perfluorooctane sulfonates，PFOS），在體內的半衰期（物質濃度減半所需的時間）約為5年。雖然不會永久留存，但殘留在體內的期間依然遠比其他化學物質長，因此被稱為「永遠的化學物質」（forever chemical）。PFAS具有致癌性，也有造成膽固醇上升與肝功能障礙的風險。尤其有人認為可能使嬰幼兒出生時體重過低、疫苗接種後抗體反應不佳等的風險提升。

基於這些理由，以歐美為中心對PFAS的規定日漸嚴格。預計在未來幾年內，將禁止或限制PFAS的使用，或者必須提出使用目的等。2022年4月，製造PFAS的比利時工廠因環境污染的疑慮而暫停生產。這家企業的產品，在全球半導體製程的冷媒中約有80％的市占率，因此停產對半導體業界帶來相當大的影響。**PFAS的使用範圍廣泛，對於企業而言，掌握使用場合、評估替代產品以及開發替代材料等成為當務之急。**

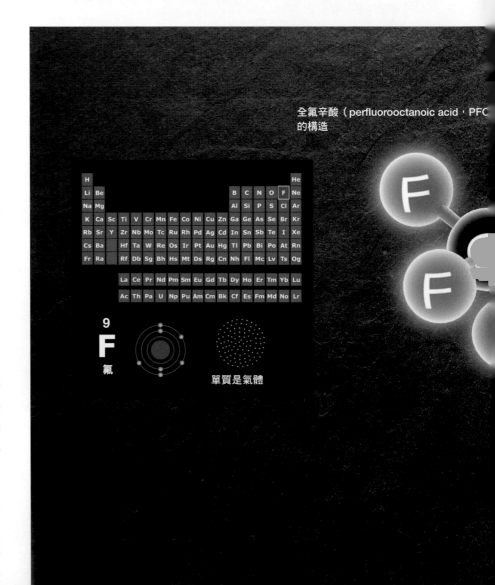

全氟辛酸（perfluorooctanoic acid，PFOA）的構造

9
F
氟

單質是氣體

PFAS是具備耐熱性及耐化學性的穩定物質，
使用於不沾鍋塗層與賦予食品包裝紙耐水性等
生活常見的用途。

F C F F C F C F O C O H

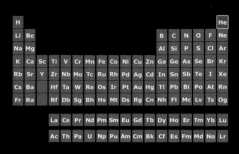

2
He
氦

單質是氣體

液態氦

液態氦也使用於量子電腦

右側照片是IBM公司的量子電腦「IBM Quantum」的稀釋冷凍機。為了形成超導狀態，必須將量子位元冷卻到極低溫，這時就會使用低熔點的氦。

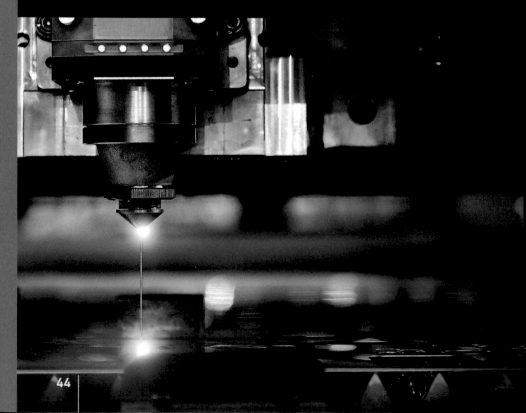

10
Ne
氖

單質是氣體

18
Ar
氬

單質是氣體

54
Xe
氙

單質是氣體

半導體製造不可或缺的惰性氣體

氖、氬、氙等惰性氣體應用於半導體加工領域中使用的「準分子雷射」（excimer laser）。約7～8成的氖氣都由烏克蘭供給，現在因烏俄戰爭而陷入供給不足的狀態。

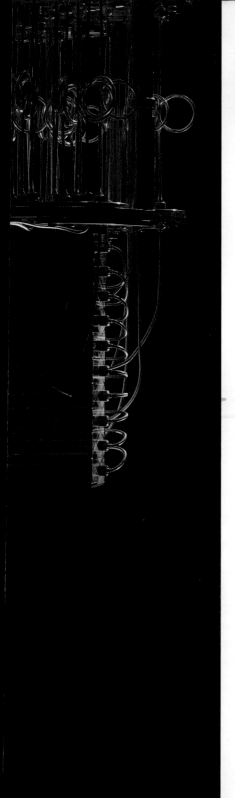

氦的供給量不足，對研究現場造成影響

週期表最右側的第18族元素，除了原子序118的氫之外，都稱為「惰性氣體」。第18族元素的最外殼層空位全部填滿，在常溫之下以氣體形式存在。其原子單質非常穩定，幾乎不會與其他元素結合成化合物。

氦的原子序小，比氦輕的元素只有氫，日常生活中也可見其應用範例。氦不像氫那樣有燃燒的疑慮，可用來為氣球或飛行船充氣。又或者也有人玩過吸氦氣變聲的遊戲吧？由於輕的分子飛翔速度快，若吸入氦氣之後再發出聲音，聲帶共鳴的頻率（波每秒振動的次數）就會變高。而共鳴的頻率愈高的聲音也愈高，所以氦氣具有讓聲音變高的效果。

超導體與加速器少不了氦

氦的原子間作用力非常弱，沸點在所有元素中是最低的，只有負268.93°C，因此液態氦是廣泛使用的冷卻材料。如果沒有液態氦，或許就不會發現在絕對零度（溫度的下限，為負273.15°C）附近發生的超導體（superconductor，物質中的電阻變成零的現象）或超臨界流體（supercritical fluid，液體黏性消失）現象。液態氦創造的極低溫，對研究基本粒子或尋找新元素的加速器、利用超導現象的量子電腦等都非常必要。

至於在醫療領域，利用體內氫原子的磁性效應來取得斷層掃描影像的MRI（核磁共振成像）設備，就使用了超導體磁鐵。而超導體磁鐵也使用於日本JR東海正在開發的磁浮中央新幹線。必須使用液態氦冷卻這些超導體磁鐵。

此外，氦分子的活動速度非常快，熱導率僅次於氫。**工業領域就利用其難以反應與高度熱導率的特性，在氦氣中進行部分的半導體晶片及光纖製程。氦原子非常小，能穿透各種材質，因此也是用來確認外洩與否的重要氣體。**

經過以上說明可以知道，氦使用於各式各樣的場合，但現在的生產速度卻趕不上需求。氦是採掘天然氣時的副產品，產地只限於美國、卡達、阿爾及利亞、澳洲、俄羅斯、波蘭等少數國家。價格雖然較1990～2010年穩定，但因為技術問題及國際情勢的變化，現在的價格已經漲了4倍以上，預計今後也將持續上漲。甚至還有調查顯示，在2019年日本國內準備購買氦的個人研究者中，約有3分之1因為價格太高而買不下手。無論是為了工業的發展性還是持續研究，都必須開拓新的進口來源，或是開發不需使用氦的方法。

無論是工業產品還是研究都少不了惰性氣體

氦是沸點最低的物質，因此用來創造極低溫的環境。其他的惰性氣體也因為反應性低，用於半導體的製造工程。

尚未發現的第119種元素 有辦法以人工製造嗎？

現 在的週期表總共列出了 118種元素，但這些元素 並非全部都從自然界發現。原子 序43的鎝、61的鉕、85的砈，以 及93之後的元素，都是經由人工 合成才得以確認其存在（其中也 有部分是合成之後才在自然界發 現）。日本理化學研究所在2004 年首度成功合成，2016年將其命

名為「鉨」（原子序113）的元素 也是其中之一。鉨是由原子序30 的鋅原子核與原子序83的鉍原子 核，碰撞所製造出來的元素。

多數人造元素的性質 都尚未究明

人們自古以來就嘗試以人工方 式製造元素，最早的人造元素是

在1937年合成的鎝。鎝是一種 放射性元素，會在短時間內釋放 出 γ 射線並衰變，因為這項特 質，使其成為癌症影像診斷所不 可缺少的物質。此外，其抑制癌 症轉移的作用也被用於臨床。

原子序94的鈽用於核能電池、 95的鋂在國外用於煙霧感測器 及厚度計、98的鐦則用於核燃料

| | | **87** **Fr** 鍅 | **88** **Ra** 鐳 | | | **104** **Rf** 鑪 | **105** **Db** 𨧀 | **106** **Sg** 𨭎 | **107** **Bh** 𨨏 | **1** **H** 𨭆 |

第 7 週期

1939年
居禮研究所（法國）

1898年
法國物理學家居禮
（Pierre Curie，
1859～1906）與
居禮夫人（Marie
Curie，1867～
1934）在鈾礦石
中發現。

1969年
美國加州大學
柏克萊分校

1970年
美國加州大學
柏克萊分校與
俄羅斯杜布納
研究所同時發
現

1974年
美國加州大學
柏克萊分校

1981年
德國重離子研究所

198

119
Uue
Ununennium

尚未發現的原子序119的元素，
暫且命名為「Ununennium」
（Uue）。

會是哪個國家發現 第119種元素呢？

各國都為了發現原子序119的第 8 週 期最初元素而展開研究。

的濃度測定及非破壞性檢查。

另一方面，原子序93以後的多數元素，就連化學性質都尚未究明。這些元素瞬間即發生衰變，難以大量製造。合成出來的新元素，不一定立刻就能發揮作用，**但透過新元素的製造過程，能加深對元素的理解，或許有一天將成為改變社會的知識。此外，開發使用於原子核碰撞的加速器、檢測單一原子的裝置等，也是一連串的技術挑戰。**

總有一天需要「新的週期表」

合成新元素的挑戰已經開始，德國、美國、俄羅斯以及日本的理化學研究所，都在挑戰合成原子序119之後的元素。日本理化學研究所試圖利用原子序96的鋦與23的釩互相碰撞來製造。

目前發現的118種元素中，最重的鿫是第7週期的最後一種元素，現在的週期表最後一列已經由左到右全部填滿。因此如果發現了原子序119的元素，將成為第8週期的第1種元素，到時候或許就需要再追加一列全新的週期表。

根據理論預測，第8週期之後，即使是同一族，性質也會與現有元素截然不同。全世界沒有人看過的新元素，以及全新週期表登場的日子或許即將到來。

（第18～47頁撰寫：加藤MADOMI）

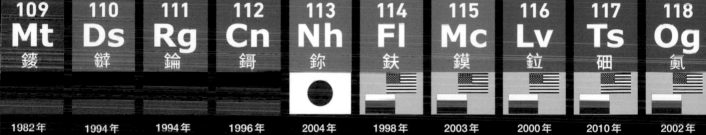

109 Mt 䥑	110 Ds 鐽	111 Rg 錀	112 Cn 鎶	113 Nh 鉨	114 Fl 鈇	115 Mc 鏌	116 Lv 鉝	117 Ts 鿬	118 Og 鿫
1982年	1994年	1994年	1996年	2004年 日本理化學研究所	1998年	2003年	2000年	2010年	2002年

德國重離子研究所

杜布納聯合原子核研究所（美國與俄羅斯的研究團隊）

複合核

中子

鋦

第119種元素？

第119種元素的合成方法

左圖是日本理化學研究所採取的第119種元素合成方法。他們讓原子序96的鋦原子核與23的釩原子核高速碰撞，兩者融合形成的「複合核」（complex nucleus）並不穩定，因此會釋放出中子，推測這麼一來就能合成出第119種元素。美國的勞倫斯柏克萊國家實驗室（LBNL）則正在進行使用原子序99的鑀原子核，與原子序20的鈣原子核碰撞的實驗；德國的重離子研究所（GSI），則正在進行原子序97的鉳原子核，與原子序22的鈦原子核碰撞的實驗。

2

還有
各式各樣
的元素

如 果從不同以往的角度來看週期表，就能獲得元素的許多資訊。

第 2 章將介紹從西元前就開始使用的常見金屬「銅族元素」，以及促進人類文明發展的「鐵族元素」。接下來就將目光焦點擺在元素縱向排列的「族」，進一步來看看各個元素的特性。

協助　櫻井 弘／駒場慎一

性質特殊、充滿個性的「鈦族元素」

鈦（Ti）、鋯（Zr）、鉿（Hf）是被稱為「鈦族元素」的金屬元素。第 4 族是由這三種元素，再加上人造元素鑪（Rf）所組成。

鈦族元素全都具有容易釋放出四個電子的性質，特性是與氧、氮等的結合力強，因此，很難以單質金屬形式提取。舉例來說，鈦透過與氧結合的形式（二氧化鈦）存在於地表，是地球上存在數量排名第 9 多的元素。不過，從二氧化鈦將氧去除並提煉出鈦，需要大量的工程與電力，因此鈦是一種高價且貴重的金屬，在日本被歸類為「稀有金屬」。

鈦與鋁等混合形成的鈦合金，具有輕巧、堅固、不易生鏽、耐熱等優秀的特性，因此使用於許多常見的物品，譬如眼鏡的鏡框、飛機引擎的零件等。

此外，二氧化鈦具有「光觸媒（photocatalyst）效果」，照光就能分解髒污，用於建築的外牆與廁所等。

彼此相似，性質卻完全相反的金屬

鋯與鉿存在於名為「鋯石」（zircon）或「斜鋯石」

儘管難以製造，卻具備優異的性能

鈦族元素以合金形式活躍於各式各樣的場合。這裡以照片及插圖呈現鈦族元素的使用範例。

Ti

使用於飛機引擎的鈦合金
照片中的飛機引擎不只需要耐熱性及強度，同時也追求輕巧，因此就是鈦合金發揮作用的時候。

（baddeleyite）的相同礦物中，且由於化學性質非常相似，要將兩者分離並不容易。因此，鉿是到數第3個被發現的天然元素。

錯與鉿都耐熱且不易腐蝕，儘管化學性質（來自原子的電子性質）相似，原子核的性質卻完全相反。錯的原子核不易吸收中子，鉿的原子核則相反，很容易吸收中子，這兩種元素就因為這樣的性質，被使用於核反應爐（nuclear reactor）。

中子在核反應爐內能促進鈾的核分裂反應，因此覆蓋核燃料的燃料管中，就使用了難以吸收中子的錯。另一方面，使用於減弱核分裂反應，並調整輸出的「控制棒」（control rod）裝置，則使用容易吸收中子的鉿。

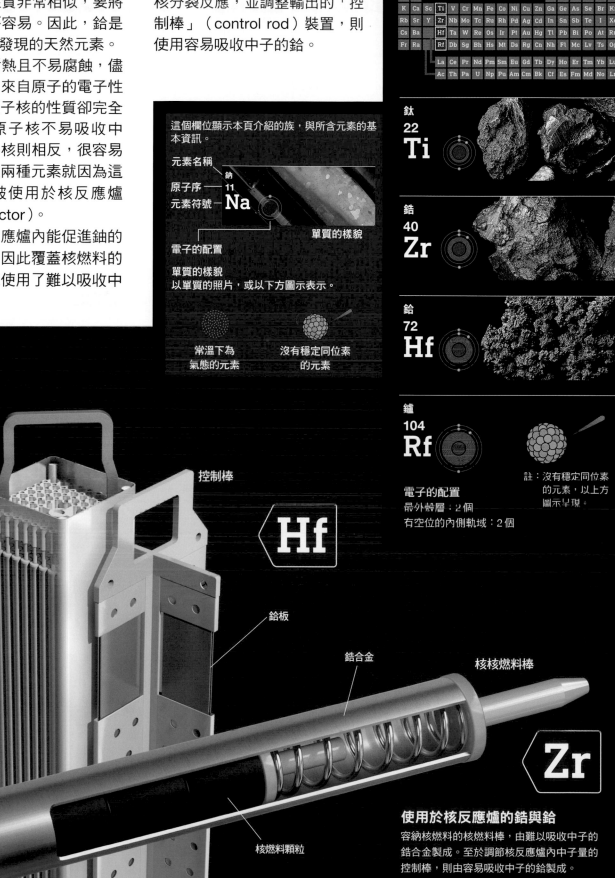

第**4**族

這個欄位顯示本頁介紹的族，與所含元素的基本資訊。

元素名稱
原子序 —— 11
元素符號 — Na

鈉

電子的配置

單質的樣貌

單質的樣貌
以單質的照片，或以下方圖示表示。

常溫下為氣態的元素

沒有穩定同位素的元素

鈦
22
Ti

錯
40
Zr

鉿
72
Hf

鑪
104
Rf

註：沒有穩定同位素的元素，以上方圖示呈現。

電子的配置
最外殼層：2個
有空位的內側軌域：2個

控制棒

Hf

核燃料集合體

鉿板

錯合金

核核燃料棒

Zr

核燃料顆粒

使用於核反應爐的錯與鉿

容納核燃料的核燃料棒，由難以吸收中子的錯合金製成。至於調節核反應爐內中子量的控制棒，則由容易吸收中子的鉿製成。

製造出耐熱合金的「釩族元素」

第 5 族元素為釩（V）、鈮（Nb）、鉭（Ta）、𨧀（Db）。人造元素𨧀以外的三種元素，統稱為「釩族元素」。**這些全部是金屬，具有不易腐蝕及耐熱的性質。**

雖然釩本身是相對較軟的金屬，但如果與鋼鐵混合製成合金，就會變成非常堅硬的「釩鋼」（Vanadium Steel）。用於鑽頭與扳手等工具，並作為噴氣引擎的材料。

鈮與鉭若與鐵鋼等混合，也能製造出堅固、耐熱性高的合金。此外，鉭與第 4 族的鈦同樣對人體無害，因此也使用於植牙的固定器等醫療器材。

釩因使用於壽命長的蓄電池而受到矚目

釩在近年被用來製造大規模電池（二次電池），用於儲存來自太陽能等再生能源的電力，因而受到矚目。正極與負極使用 2 種性質不同的硫酸釩水溶液。這兩種水溶液中所含的釩離子價數（原子放出的電子個數）會改變，能藉此進行充放電。

硫酸釩水溶液幾乎不會因為充放電而耗損，所以釩電池的壽命相當長。除此之外，優點是還能夠透過改變水溶液的量來擴大容量。

用於特殊合金及蓄電池

含有釩的礦物（左頁），以及釩族元素的使用範例。

釩鉛礦
含有釩的代表性礦物結晶。

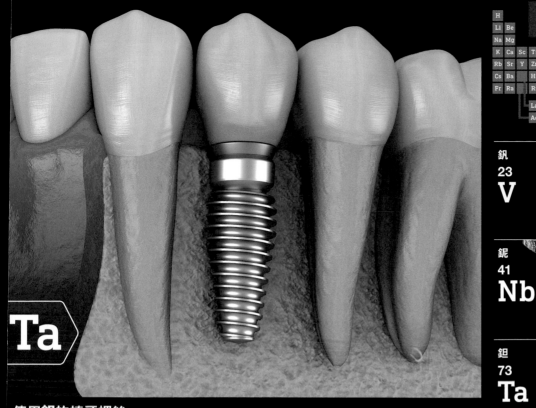

H								He
Li	Be			B	C	N	O	F	Ne
Na	Mg			Al	Si	P	S	Cl	Ar
K	Ca	Sc	Ti	V	Cr	Mn	Fe	Co	Ni	Cu	Zn	Ga	Ge	As	Se	Br	Kr
Rb	Sr	Y	Zr	Nb	Mo	Tc	Ru	Rh	Pd	Ag	Cd	In	Sn	Sb	Te	I	Xe
Cs	Ba	Hf	Ta	W	Re	Os	Ir	Pt	Au	Tl	Pb	Bi	Po	At	Rn
Fr	Ra	Rf	Db	Sg	Bh	Hs	Mt	Ds	Rg	Cn	Nh	Fl	Mc	Lv	Ts	Og

| La | Ce | Pr | Nd | Pm | Sm | Eu | Gd | Tb | Dy | Ho | Er | Tm | Yb | Lu |
| Ac | Th | Pa | U | Np | Pu | Am | Cm | Bk | Cf | Es | Fm | Md | No | Lr |

釩
23
V

鈮
41
Nb

鉭
73
Ta

𨧀
105
Db

電子的配置
最外殼層：1～2個
有空位的內側軌域：3～4個

使用鉭的植牙螺絲

現在已知鉭和第4族的鈦　樣，是對人體無害的金屬。因此用於植牙固定於下顎的螺絲
「人工牙根」等醫療器材。

釩電池是備受矚目的蓄電設備

上圖是儲存太陽能發電等電力的釩電池外觀。這種電池也稱為氧化還原液流電池
（redox flow battery），具有壽命長等特性。

實現「堅硬金屬」的「鉻族元素」

第 6 族的鉻（Cr）、鉬（Mo）、鎢（W）稱之為「鉻族元素」，第 7 週期的𨭎（Sg）則是人造元素。**鉻族元素與同週期的其他元素相比，具有熔點（從固態變成液態的溫度）比較高的特性。**

鉻的熔點（1907℃）在第 4 週期的元素中僅次於左側的釩（1910℃），鉬在第 5 週期中排名第 1（2623℃）。至於鎢的熔點更高（3422℃），不只是第 6 週期的第 1 名，也是所有元素中的第 1 名。**熔點高低幾乎與金屬的硬度成正比，因此鉻族元素可說是相對較硬的金屬。**

不鏽鋼之所以堅硬光亮，都是鉻的功勞

在鐵中添加10.5%以上鉻的合金，稱為「不鏽鋼」（stainless steel），特性是即使未經塗裝或電鍍，依然不容易生鏽。這是因為不鏽鋼表面的鉻與空氣中的氧結合，形成氧化薄膜，呈現稱為

「鈍化」（passivation）的狀態。氧化薄膜覆蓋表面，能防止合金內部跟著氧化（生鏽）。除了水氣多的廚房水槽、附著藥品與體液的醫療器材之外，不鏽鋼還廣泛使用於許多場合。

此外，氧化薄膜的反射率高，能產生光澤。阿拉伯聯合大公國的杜拜有一座高828公尺的全球最高大樓「哈里發塔」（Burj Khalifa），這座大樓之所以能反射美麗的陽光，就是因為使用不鏽鋼作為外牆。在設計上當然也確保了充分的強度。

在鐵中添加微量的第 6 族元素鉻與鉬，就能製成「鉻鉬鋼」（chrome molybdenum steel），這種材料輕巧堅固，使用於自行車、工具、菜刀等。除此之外，鎢與碳結合而成的「碳化鎢」（tungsten carbide），則是非常堅硬的「硬質合金」（hard alloy）材料。第 6 族的元素主要用來創造硬度。

全球最高樓的外牆是不鏽鋼

阿拉伯聯合大公國杜拜的哈里發塔，高828公尺，是知名的全球第一高樓。這座塔的外牆，使用添加了鐵與鉻的不鏽鋼，並進行反射太陽光的加工。

Cr

W

使用碳化鎢的鑽頭

為了切削堅硬的金屬，或在金屬上鑽孔，需要由更堅硬的材料製成工具。由碳化鎢粉末混合鈷等金屬粉末，經高溫燒結而成的「硬質合金」非常堅硬，使用於加工金屬或挖掘石油用的鑽頭，以及醫療用的小型鑽頭（超硬工具）等。

鉻
24
Cr

鉬
42
Mo

鎢
74
W

鑪
106
Sg

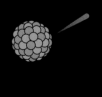

電子的配置
最外殼層：1～2個
有空位的內側軌域：4～5個

「錳族元素」除了錳之外 幾乎不存在於自然界

錳（Mn）、鎝（Tc）、錸（Re）被稱為「錳族元素」，連同人造元素鈹（Bh）一起構成了第7族的元素。**錳族元素的「剩餘電子」分布在最外殼層與往內一層的軌域，數量共有7個，但其性質的共通點其實並不明確。**

錳除了與鐵混合以提高其強度之外，也被使用於錳乾電池與鹼性電池的正極材料（二氧化錳）。深海底有部分區域散布著無數馬鈴薯般大小，含有錳的氧化物團塊（錳核），目前正在研究如何利用這些資源。

錳的下方發現了「Nipponium」這種元素!?

含有錳的礦物非常多，因此早在1774年，錳就比許多元素進一步被發現。但週期表中錳下方的元素卻遲遲沒有出現，

Mn

菱錳礦

菱錳礦除了用來開採礦物錳，也是作為珠寶飾品及觀賞用的人氣礦物。化學式為$MnCO_3$，其成分隨著產出地而改變，因此能看到呈現各種顏色的礦物。

鮮豔的紅色結晶「菱錳礦」

左頁是全世界都有產出的錳碳酸鹽礦物「菱錳礦」（$MnCO_3$）。右頁則是1909年所發表標有Nipponium的週期表，以及發現Nipponium並為其命名的小川正孝博士。

科學家一窩蜂地不斷尋找。日本科學家小川正孝博士也是其中一人，他在1908年宣布發現了位於錳下方的元素，並命名為「Nipponium」，但不久之後卻遭到取消。

其實位於錳下方的鎝，幾乎不存在於自然界。鎝是放射性元素，其同位素中，數量因放射性衰變而減半的「半衰期」，短的不到1小時，長的也只有420萬年。因此，即使因為某種核反應（nuclear reaction）而生成了鎝，也會在不久後衰變而消失。**鎝是在1936年利用以迴旋加速器（cyclotron）加速的質子碰撞鉬而產生的，是全世界第一個人工製造出來的新元素。**

至於錸則是天然豐度非常少的稀少金屬，也是最後一個發現的天然穩定元素。錸容易導熱，用於高溫用的溫度感測器。

第**7**族

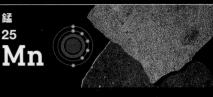

錳
25
Mn

鎝
43
Tc

錸
75
Re

鏍
107
Bh

電子的配置
最外殼層：2個
有空位的內側軌域：5個

Re

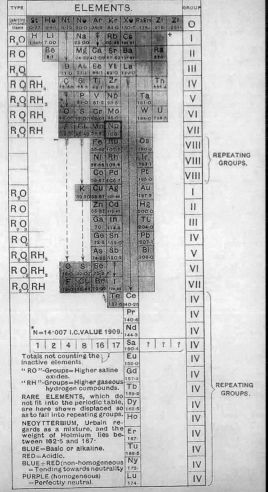
1909年發表的週期表

小川正孝博士

夢幻元素「Nipponium」

不久之後到日本東北大學擔任校長的小川正孝博士（1865～1930），在英國倫敦大學的拉姆齊（William Ramsey，1852～1916）研究室留學時，從「方釷石」（thorianite）這種礦物中成功分離出被認為是新元素的物質。新元素命名為「Nipponium」（Np），並且被擺放在週期表中錳下方的位置。在1909年的《化學新聞》（chemical news）中，能看到Np的標示（左圖紅框）。當時週期表以現在週期表逆時針轉90度的方向呈現，因此Np被寫在Mn的右邊。

但其他研究者遲遲無法發現同樣的證據，隨後又於1936年，在錳下方的位置發現了鎝，「Nipponium」也因此成了虛幻元素。不過日本東北大學的榮譽教授吉原賢二在最近發現，小川正孝博士找到的新元素，其實是錳往下數兩個的錸。雖然未獲承認，但小川正孝博士確實發現了新元素。

鐵的同伴 ——「鐵族元素」帶領人類邁向高度文明

第8～10族的元素比起同一直排，同一橫排的性質更加相似。而第4週期的第8～10族元素依序為鐵（Fe）、鈷（Co）、鎳（Ni），這些元素被稱為「鐵族元素」。

地球整體的質量，有高達3分之1來自鐵，這些鐵大部分存在於地球的核心。

在西元前1500年左右，西臺人（Hittite）就已經獲得了製鐵技術。統治相當於現在土耳其一帶的西臺帝國，就利用鐵製裝備控制周邊地區，掌握霸權。接著在3000年後的18世紀末發生工業革命，鐵成為工業產品的主角。堅硬、加工容易且含量豐富的鐵，說它推動了人類文明的發展也不為過。

鐵的強度隨著碳含量而改變

從鐵礦中取得的鐵含有碳，而鐵的強度會隨著碳含量改變。大約以2％為分界，碳含量高的「鑄鐵」（cast iron）堅硬易脆，碳含量少的「鋼鐵」則較為強韌。

鈷與鎳主要作為合金的主原料（右表），或是少量添加於鐵當中製成鐵合金。身邊常見的1元、5元、10元、50元硬幣都含有鎳。

鋼鐵建造的福斯橋

照片是位於英國福斯灣，長2.5公里的鐵橋「福斯橋」（Forth Road Bridge）。由於1878年架設於英國泰灣的「泰鐵路橋」（Tay Bridge），因強度不足與施工不良而在隔年崩毀，福斯橋因此使用19世紀當時的尖端材料鋼鐵，並強化了結構設計。1890年完成後被稱為「鋼鐵恐龍」，於2015年登錄為世界遺產。

Fe

電子的配置
最外殼層：2個
有空位的內側軌域：6～8個

白框中的元素為「鐵族元素」

第8～10族

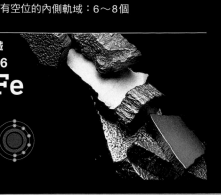

Fe
26

鈷
27
Co

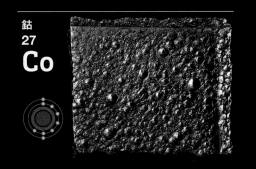

鎳
28
Ni

使用鐵、鈷、鎳的代表性合金

合金名稱	主要組成元素	主要用途
鋼鐵（鋼）	Fe、C	建築物、兵器
鉻鉬鋼	Fe、Cr、Mo	齒輪、自行車車身
不鏽鋼	Fe、Cr（、Ni）	鐵路車廂、建築物、水槽
麻時效鋼	Fe、Co、Ni等	高爾夫球桿頭
銦鋼	Fe、Ni	時鐘、測量機器
釩鋼	Fe、V	刀具、螺絲起子
錳鋼	Fe、Mn	土木機械
鎳銀（洋銀）	Cu、Zn、Ni	彈簧、樂器
白銅（鎳銅）	Cu、Nl	硬幣
赫史特合金	Ni、Mo、Cr、Fe	壓力計、噴射引擎
英高鎳	Ni、Cr、Fe	反應爐、渦輪
鎳鉻合金	Ni、Cr	電熱線
史泰勒合金®	Co、Cr、W	發電機材、飛機
硬質合金	W、C、Co	切削工具、汽車零件

以觸媒之姿撐起社會的白金夥伴 ——「鉑族元素」

鉑（Pt）就是白金，很多人聽到鉑，聯想到的都是項鍊、戒指等珠寶飾品吧？**第8～10族中第5～6週期的六種元素：釕（Ru）、銠（Rh）、鈀（Pd）、鋨（Os）、銥（Ir）、鉑（Pt），統稱為「鉑族元素」。這些元素的化學性質穩定，非常難以被酸或鹼腐蝕，因此作為珠寶飾品具有很高的價值。**至於第7週期的䥑（Hs）、䥑（Mt）、鐽（Ds）則是人造元素。

其實**鉑族元素也是在現代社會中大顯身手、必備的「觸媒」。**觸媒又稱為催化劑，是促進化學反應的物質，作為合成化學產品之用。即使促進反應進行，觸媒本身基本上也不會有變化。

觸媒能防止廢氣對環境造成的污染

鉑、銠、鈀的奈米粒子混合而成的「三效催化劑」（three-way catalyst），廣泛應用於淨化汽車廢氣。引擎排出的廢氣中，含有許多會造成酸雨及大氣污染的氣體分子，譬如一氧化氮或二氧化氮（氮氧化物：NOx）、乙烯等碳氫化合物、一氧化碳等。藉由三效催化劑的幫助，能促進這些分子與氧反應，加速分解成對環境影響較小的二氧化碳、水及氮等。

此外，鈀能吸附體積高達自身935倍的氫，因此也是備受期待的「儲氫材料」。氫有爆炸的可能性，將其吸附就能安全運送。

不過**鉑族元素屬於貴金屬，也有埋藏資源枯竭與價格高漲的疑慮。**鉑的價格在2016～2019年間已經上漲了4倍以上。再者，俄羅斯占了全球的鈀產量約40％，2022年8月時曾因價格飛漲而取得困難。

「三效催化劑」能將廢氣轉換成對環境影響較小的氣體

汽車的引擎到消音器之間，安裝著能淨化廢氣的圓筒狀零件。其內部有許多六角形孔洞的「蜂巢結構」，讓圓筒有較大的表面積，其中便含有三效催化劑。這些觸媒具有淨化廢氣中有害成分的作用。

Rh
Pd
Pt

有害成分經過淨化處理的廢氣

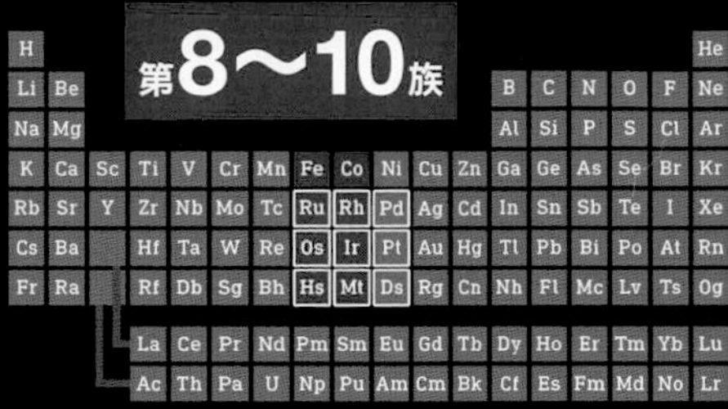

電子的配置

最外殼層：1～2個
有空位的內側軌域：6～9個

註：鈀是例外，最外殼層擁有18個電子，軌域皆無
　　空位。

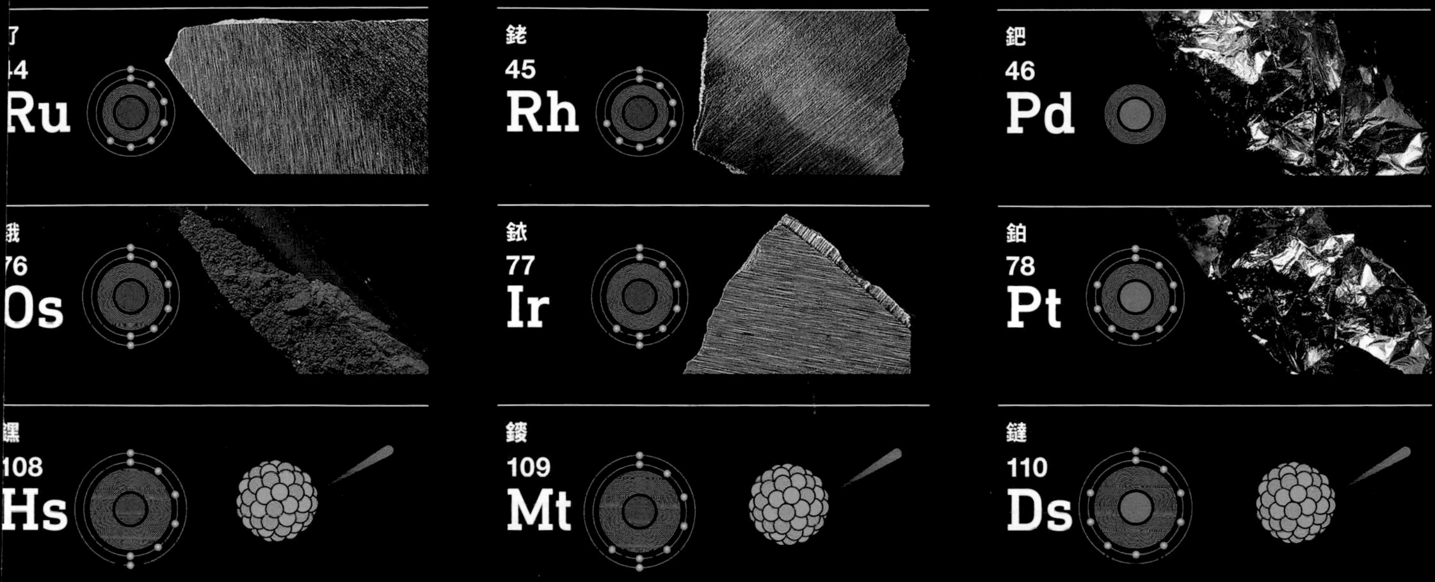

釕 44 Ru	銠 45 Rh	鈀 46 Pd
鋨 76 Os	銥 77 Ir	鉑 78 Pt
鏢 108 Hs	䥑 109 Mt	鐽 110 Ds

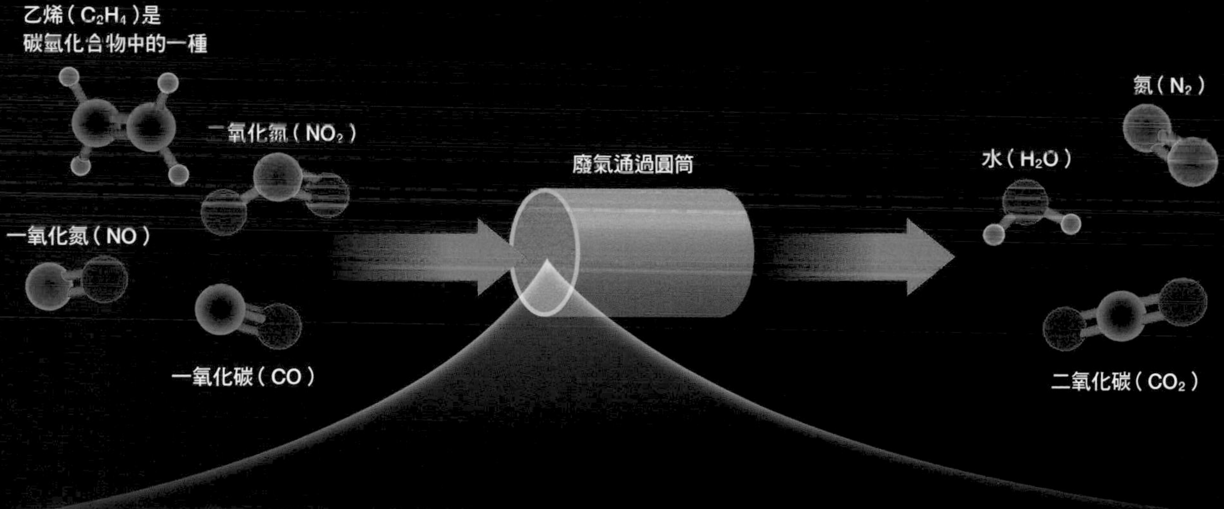

乙烯（C_2H_4）是
碳氫化合物中的一種

一氧化氮（NO_2）

一氧化氮（NO）

一氧化碳（CO）

廢氣通過圓筒

水（H_2O）

氮（N_2）

二氧化碳（CO_2）

使用三效催化劑的
蜂巢狀結構圓筒

廢棄通過的圓筒內側，含有鉑、銠、鈀這3種奈
米粒子。為了增加圓筒的表面積，內部呈現開有
六角形孔洞的「蜂巢狀結構」，或是四角形孔洞
的結構。引擎排出的有害氣體經三效催化劑淨化
後，從消音器排出。

其實具備高性能！導電性與導熱性俱佳的「銅族元素」金、銀、銅

獎牌使用的**金（Au）、銀（Ag）、銅（Cu），是第11族**的夥伴。週期表由上而下依序是銅、銀、金，因此這些元素稱為「銅族元素」。金下方的錀（Rg）則是人造元素。

金、銀、銅較容易從礦石中取得，帶美麗的金屬光澤，因此早在西元前就被當成裝飾品或硬幣使用，是人類認識已久的元素。金與銀不容易變成離子（不易溶於酸、不易生鏽），尤其是金，即使經過漫長的歲月依然能保有光澤。至於銀雖然不易與氧反應，卻會與空氣中的硫化物反應，附上一層黑色的硫化銀，因此表面會愈來愈黑。

銅雖然也是相對不容易變成離子的金屬，卻會逐漸氧化。表面覆蓋上一層由碳酸銅與硫酸銅等形成稱為「銅綠」的銅鏽，變成青綠色。據說美國紐約的「自由女神」銅像，在1886年剛完成時，是呈現銅原本的紅棕色。

1公克的金能拉伸成2800公尺

金、銀、銅是非常容易加工的金屬。舉例來說，將1公克的金敲薄延展，能製成厚約0.0001毫米、面積約0.5平方公尺的金箔；如果將其拉長，也能加工成2800公尺的金線。**這是因為金、銀、銅具有優異的「延展性」，能柔軟地變形，不容易遭到破壞。**

易導熱與易導電也是其特性，在所有金屬中，銀排名第1、銅第2、金第3。容易導電、容易加工、不容易生鏽的性質，非常適合用來製造電器產品的導線及電路。因此主要以價格低廉的銅，做許多廣泛用途。

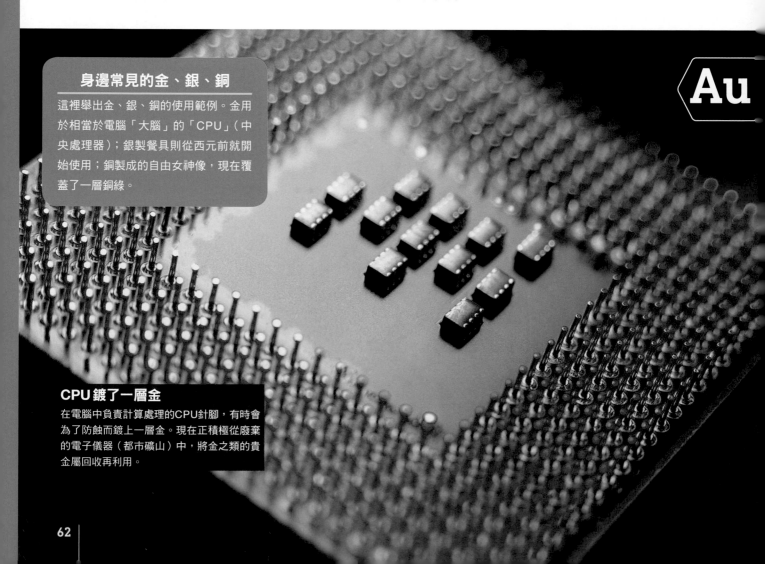

身邊常見的金、銀、銅

這裡舉出金、銀、銅的使用範例。金用於相當於電腦「大腦」的「CPU」（中央處理器）；銀製餐具則從西元前就開始使用；銅製成的自由女神像，現在覆蓋了一層銅綠。

Au

CPU 鍍了一層金

在電腦中負責計算處理的CPU針腳，有時會為了防蝕而鍍上一層金。現在正積極從廢棄的電子儀器（都市礦山）中，將金之類的貴金屬回收再利用。

美麗的銀製餐具

銀製餐具歷史悠久，受到歐洲王公貴族喜愛。銀具有抗菌作用，據說使用銀製餐具能延長食物的保鮮期。此外，銀與含有硫磺的毒物反應就會變黑，推測使用銀製餐具也有分辨毒物的目的。

Ag

Cu

自由女神像

建造於美國紐約的「自由女神像」，是從底座到火炬的高度約46公尺的銅像。據說原本是紅棕色的，但在風吹雨淋之下，表面逐漸覆蓋上了一層「銅綠」。

無人機用的馬達

雖然銀的導電性比銅優異，但銅的埋藏量多，價格便宜，因此被用於五花八門的電器產品。照片中的無人機用馬達，就使用了銅製線圈。

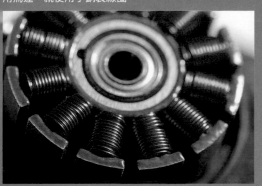

第**11**族

銅
29
Cu

銀
47
Ag

金
79
Au

鑘
111
Rg

電子的配置
最外殼層：1個

註：鑘是例外，最外殼層擁有2個電子，有空位的內側軌域擁有9個電子。

對人體不可缺少或有害的「鋅族元素」

第 12族的元素有鋅（Zn）、鎘（Cd）、汞（Hg），稱為「鋅族元素」。鎶（Cn）則是人造元素，其性質並不清楚。

鋅是與細胞分裂有關的重要元素

鋅是人體必須的元素，體重60公斤的人體中，約含有1.7公克的鋅。鋅與細胞分裂，以及合成重要蛋白質的酵素活性有關。因此如果缺乏鋅，便會導致味覺障礙、皮膚炎、掉髮、貧血、口內炎、男性性功能障礙、骨質疏鬆症等各式各樣的症狀。此外，

近年來也發現有看似健康的人其實缺乏鋅，是潛在的鋅缺乏症（zinc deficiency）患者。如果透過血液檢查發現缺乏，就必須透過鋅的營養補充品來解決這個問題。

鎘與汞曾引發公害病

至於，**鎘與汞則是對人體有害的元素**。鎘造成的「痛痛病」（鎘中毒），就是在20世紀中旬引起重大社會問題的公害病。日本岐阜縣神岡礦山排出的廢水中所含的鎘，污染了山腳下的水質與土壤。當地居民長期食用含有

鎘的稻米與蔬菜，骨質變得極度脆弱，帶來極大的痛苦。

汞則造成了同時期發生的公害病「水俁病」（Minamata disease）。日本熊本縣水俁市的工廠，將廢水與甲基汞一起排入海水中，有毒物質便透過魚類進入人體內累積，引發嚴重的神經系統障礙。

這些金屬從體內排出的速度，遠比吸收進體內的速度慢，因此會因為長期攝取而累積在體內。一旦累積超過一定的容許量，就會對人體有害。

引發嚴重災害的兩種公害元素

左頁是鎘造成的痛痛病，右頁是甲基汞造成的水俁病污染地區示意圖。這兩種疾病加上「新潟水俁病」（第二水俁病）與「四日市氣喘」，合稱為日本高度經濟成長期的「四大公害」。

Cd

鎘造成的痛痛病
日本岐阜縣神岡礦山排出的廢水含有鎘，透過河川被山腳下的稻米與蔬菜吸收，使得食用作物、飲用河水的居民因痛痛病所苦。

Zn

鋅與細胞分裂有關

缺鋅會導致細胞分裂的週期變長，新陳代謝變差。舉例來說，感受味覺的細胞若變得老舊，會引起味覺障礙；精子產量不足，會導致男性性功能障礙。

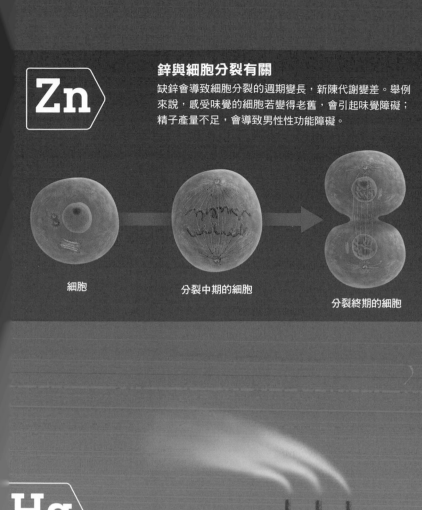

細胞　　　　分裂中期的細胞　　　　分裂終期的細胞

Hg

H																	He
Li	Be			**第12族**								B	C	N	O	F	Ne
Na	Mg											Al	Si	P	S	Cl	Ar
K	Ca	Sc	Ti	V	Cr	Mn	Fe	Co	Ni	Cu	Zn	Ga	Ge	As	Se	Br	Kr
Rb	Sr	Y	Zr	Nb	Mo	Tc	Ru	Rh	Pd	Ag	Cd	In	Sn	Sb	Te	I	Xe
Cs	Ba		Hf	Ta	W	Re	Os	Ir	Pt	Au	Hg	Tl	Pb	Bi	Po	At	Rn
Fr	Ra		Rf	Db	Sg	Bh	Hs	Mt	Ds	Rg	Cn	Nh	Fl	Mc	Lv	Ts	Og

	La	Ce	Pr	Nd	Pm	Sm	Eu	Gd	Tb	Dy	Ho	Er	Tm	Yb	Lu
	Ac	Th	Pa	U	Np	Pu	Am	Cm	Bk	Cf	Es	Fm	Md	No	Lr

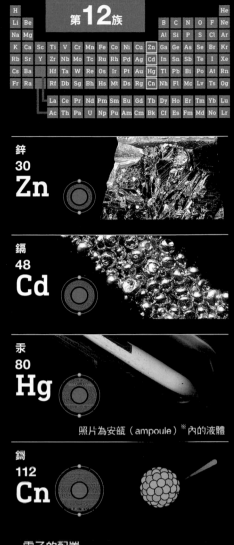

鋅
30
Zn

鎘
48
Cd

汞
80
Hg

照片為安瓿（ampoule）※內的液體

鎶
112
Cn

電子的配置
最外殼層：2個

※安瓿為用來盛裝注射劑、化學藥品的玻璃製容器。一般容易誤植為「安瓶」。

磷蝦

沙丁魚

黑鮪魚

甲基汞造成的水俁病

水俁病是由日本熊本縣水俁市的工廠將甲基汞排入海裡造成的疾病。甲基汞首先累積於磷蝦等浮游生物體內，這些浮游生物被小魚吃掉，小魚再被大魚吃掉。在這個食物鏈中，甲基汞的濃度隨著層級上升而呈指數函數成長，導致攝取鮪魚等大型魚類的人類，發生嚴重的健康問題。現在無論在哪個海域，鮪魚等的甲基汞含量都相對較高，尤其容易對胎兒造成影響，建議孕婦每週食用鮪魚不超過1～2次。

形成許多礦物的「氧族元素」

第16族元素的氧（O）、硫（S）、硒（Se）、碲（Te）、釙（Po），稱為「氧族元素」。第7週期的鉝（Lv）則是人造元素。

氧族元素中，只有氧是氣體。氧占了空氣的體積約20%，存量僅次於氮。事實上，氧是地殼中含量最多的元素，地殼質量竟然約有50%都來自氧。這是因為氧不只是以氣體形式存在，許多礦物都是由與氧結合的氧化物組成。

物體燃燒時，其原子與氧結合，釋放出熱能。像這種原子與氧結合的過程稱為「氧化」（oxidation），但化學中的「氧化」定義更廣，是指「電子被奪取的過程」。

氧族元素的最外殼層有2個電子的「空位」，因此結合時容易奪走其他元素的電子。例如鐵與氧結合時，鐵的電子被氧奪走，即被氧化。不過，第16族中，即使是氧下方的硫與鐵結合，使鐵遭到「硫化」（sulfurization），也會因為鐵的電子被硫奪走，還

是能稱為「鐵被氧化」。**第16族是容易使其他元素氧化的族群。**

硫創造出火山口附近的黃色風景

氧以外的第16族元素稱為「硫族元素」（chalcogen），由於硫、硒、碲存在於許許多多的礦物，因此也意指「製造礦物的物質」。硫的單質幾乎沒有味道，然而一旦形成硫化物，就會散發出大蒜或是溫泉的氣味。第16族中，位於硫下方的硒與碲在發現之時，氣味便發揮了很大的作用。硒化物散發出辣根（西洋山葵）的氣味，碲化物則散發出大蒜或高麗菜腐敗的臭味，由此可知兩者屬於同一族的元素。

岩漿噴出地表後，礦物中所含的硫以黃色的單質或是化合物（硫化物）的形式展現，形成鮮豔的景色（照片）。硫也存在於合成橡膠、合成纖維、抗生素與漂白劑等廣泛的產品中，與我們的生活密切相關。　　🪐

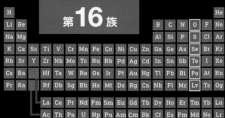

氧
8
O

硫
16
S

硒
34
Se

碲
52
Te

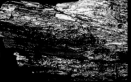

釙
84
Po

鉝
116
Lv

電子的配置
最外殼層：6個（s軌域2個，p軌域4個）

O

S

黃色與紅色的絕景
—— 達洛爾火山

在衣索比亞的達洛爾火山（Dallol），可以看見黃與紅交織的夢幻風景。黃色是硫與硫化物的顏色，紅色則是氧化鐵的顏色。

column3

著眼週期表的「垂直關係」（族），開發全新電池材料！

實 際上在研究現場又是如何應用週期表呢？接下來將介紹以取代手機與電腦中「鋰電池的新世代電池研究開發」。

鋰電池是能反覆充放電的電池（二次電池）。鋰原子失去一個電子變成鋰離子（Li⁺），從電池的負極往正極移動並產生電流，而充電時鋰離子的移動方向則相反，從正極往負極移動。

在這種電池中，正極與負極間移動的原子愈容易失去電子變成陽離子（帶有正電荷的離子），電壓就愈高，發揮的性能也愈優異。金屬元素變成陽離子的難易度稱為「離子化傾向」（ionization tendency），而鋰的離子化傾向在所有金屬中是最高的。這就是將鋰用於電池的其中一項理由。

使用其他第1族元素取代鋰

不過，鋰屬於「稀有金屬」，有價格高漲的風險。因此日本東京理科大學的駒場慎一博士，就把目光轉向和鋰同樣屬於第1族元素的鈉（Na）與鉀（K），開發不使用鋰的電池。這兩種元素在地球上的存在量豐富，價格相對便宜。

駒場博士表示：「週期表對開發電池來說非常重要，電池的基本性能大致取決於選用元素的離子化傾向。和鋰同屬第1族的元素，離子化傾向較高，性質也與鋰相似，因此新電池的開發也能順利進行。」

駒場博士使用鈉與鉀取代鋰，成功的開發出性能與鋰電池不相上下的鈉電池與鉀電池（右頁插圖）。而最近也發現，鉀下方的銣也呈現類似的電池反應。這麼一來，就能根據週期表的縱列擬定研究開發的方向。

⊘ 驗證取代鋰的元素

離子化傾向（左下插圖）與離子半徑（右頁插圖）是決定電池性能的重要因素。因此在評估有機會使用於新電池的元素時，就把焦點擺在和鋰同屬第1族的元素。右上插圖是正在開發的鈉電池運作原理。

金屬元素的離子化傾向

愈容易釋放電子變成陽離子的金屬元素，也就是離子化傾向愈高的元素，排在愈左邊。目前已知第1～2族的元素離子化傾向高，適合用作電池。而氫雖然不是金屬元素，但因為會變成陽離子，所以也包含在表格裡。

Li	K	Ca	Na	Mg	Al	Zn	Fe	Ni	Sn	Pb	(H)	Cu	Hg	Ag	Pt	Au
第1族	第1族	第2族	第1族	第2族	第13族	第12族	第8族	第10族	第14族	第14族	(第1族)	第11族	第12族	第11族	第10族	第11族

容易變成陽離子　　　　　　　　　　　　　　　　　　　　　　　　　　　　　不易變成陽離子

鈉電池的運作原理（放電時）

圖中所示為駒場博士開發的鈉電池運作原理。放電時，負極中的鈉釋放出電子變成鈉離子（Na⁺），在電解液中移動，並在正極獲得電子。這時電子透過導線從負極往正極移動，產生電流。至於充電時，則發生相反的反應。鋰電池與鉀電池的基本運作原理也相同。

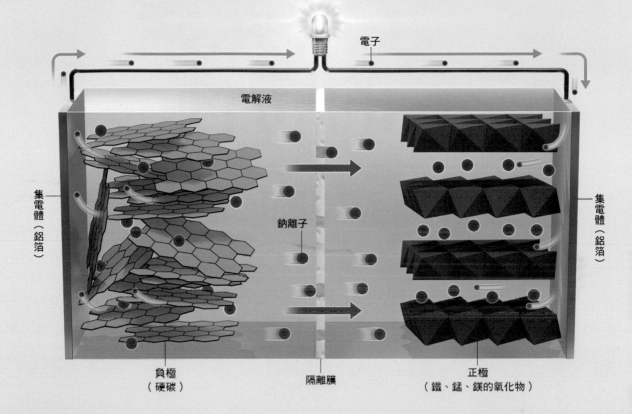

集電體（鋁箔）

電解液

鈉離子

集電體（鋁箔）

電子

負極（硬碳）

隔離膜

正極（鐵、錳、鎂的氧化物）

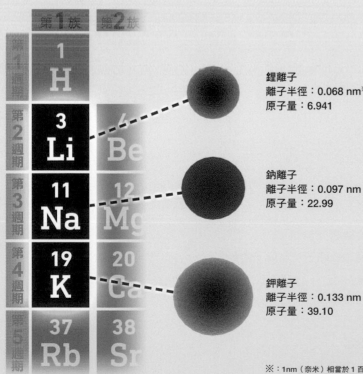

鋰離子
離子半徑：0.068 nm※
原子量：6.941

鈉離子
離子半徑：0.097 nm
原子量：22.99

鉀離子
離子半徑：0.133 nm
原子量：39.10

※：1nm（奈米）相當於 1 百萬分之 1mm（毫米）

離子半徑也與電池的性能有關

圖中所示為第1族三種元素的離子半徑。鈉與鉀的離子半徑比鋰大，也較重（原子量較大），因此不適合製造使用於手機的「小型輕量電池」。但目前已知離子半徑愈大的原子，愈不容易吸引漂浮於電解液中的陰離子（帶負電的離子），因此正負極間的移動變得更加容易，充電所需時間也較短。電池的容量愈大，充電所需的時間也愈長，因此鈉電池與鉀電池適合使用於住宅與工廠的「大容量大型電池」。

※ 雖然圖中沒有表現出來，但實際上位於鉀下方的銣（Rb）也同樣呈現電池反應。

3 了解元素的特性

第 3章將介紹幾個元素的特性。

原子為了自身的穩定，會吸收或釋放電子變成「離子」。此外，元素多數為「金屬」。由於金屬擁有自由電子，因此呈現獨特的光澤，並發揮延性、展性等有趣的特性。有些元素還會發出「放射線」。至於有「產業基礎」之稱的「稀有金屬」，則從經濟面向受到矚目。

協助　櫻井 弘／江馬一弘／足立 匡／柳本 潤／鳥居寛之／岡部 徹

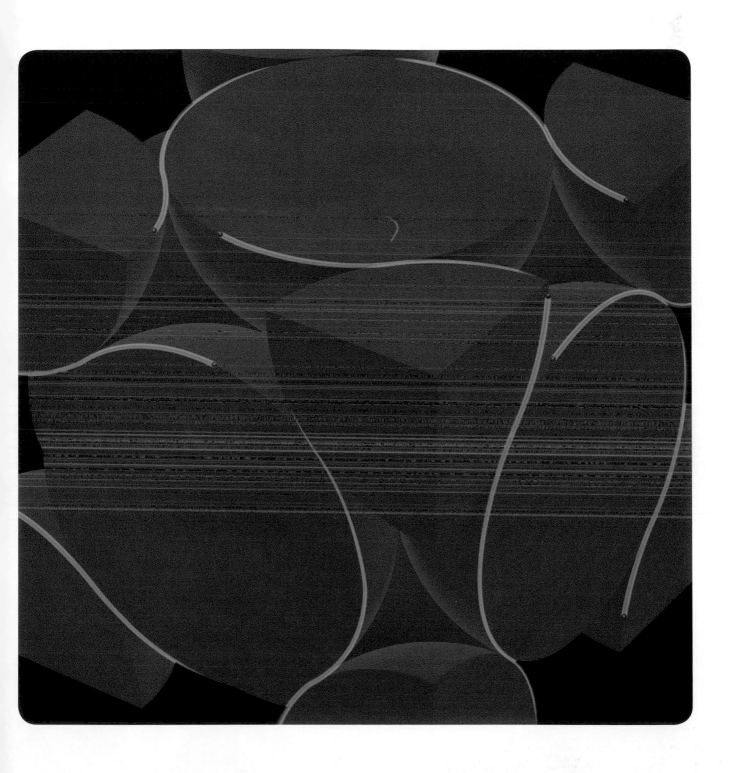

食鹽的晶體結構與離子結構

食鹽的主成分是「氯化鈉」（NaCl）。

海水中含有帶正電的鈉離子（Na^+，陽離子）與帶負電的氯離子（Cl^-，陰離子），而在海水蒸發的過程中，這些離子的正負電互相吸引、結合，形成氯化鈉。

這種結合方式稱為「**離子鍵**」（ionic bond）。

原子釋放電子、獲得電子

鈉原子（Na）的電子與質子分別都是11個，因此呈現出電中性。至於鈉離子的電子只有10個，是因為鈉原子變成鈉離子時，會釋放出1個電子。由於帶負1電荷的電子少了1個，因此鈉離子整體帶正1電荷。

鈉原子之所以在變成鈉離子

氯化鈉的晶體結構

鈉離子（黃色粒子）與氯離子（紫色粒子）在氯化鈉晶體中整齊地交互排列（下方插圖）。

鈉離子與氯離子之所以能結合，是因為鈉離子帶正電，氯離子帶負電。鈉離子的正電與氯離子的負電互相吸引、靠近，最後結合在一起（右下插圖）。

不過，鈉離子與氯離子即使結合，彼此依然以離子形式存在。靜電力（coulomb electrostatic force，庫倫靜電力）傳遞至四面八方，因此鈉離子與氯離子接二連三結合，變成氯化鈉晶體。整塊晶體中的鈉離子與氯離子數量相等，呈現電中性。

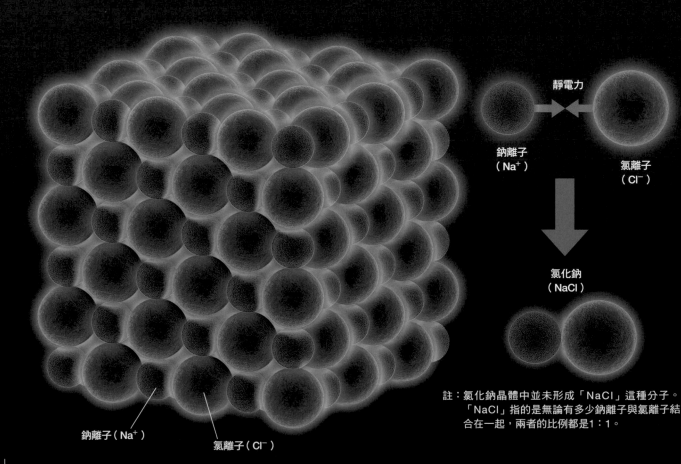

靜電力

鈉離子
（Na^+）

氯離子
（Cl^-）

氯化鈉
（NaCl）

鈉離子（Na^+）

氯離子（Cl^-）

註：氯化鈉晶體中並未形成「NaCl」這種分子。「NaCl」指的是無論有多少鈉離子與氯離子結合在一起，兩者的比例都是1：1。

特會釋放出 1 個電子，是因為電子的配置會變得較「穩定」。此時電子填入特定軌域，所有空位都被填滿。

鈉原子最外層軌域只有 1 個電子，往內 1 層的軌域則全部填滿，共有 6 個電子。因此鈉原子釋放出外側軌域唯一的電子，變成電子配置「穩定」的鈉離子。

至於氯原子（Cl）的電子與質子則各有17個，因此呈現電中性。

而氯離子則有18個電子。因為氯原子變成氯離子時，從其他原子處獲得 1 個電子，因此氯離子整體帶負 1 電荷。

氯原子之所以會在成為氯離子時獲得 1 個電子，是因為這樣電子的配置會較為「穩定」。

氯原子的最外層軌域填入了 5 個電子，而這個軌域最多可以填入 6 個電子。因此最外層軌域會獲得 1 個電子，成為電子配置「穩定」的氯離子。

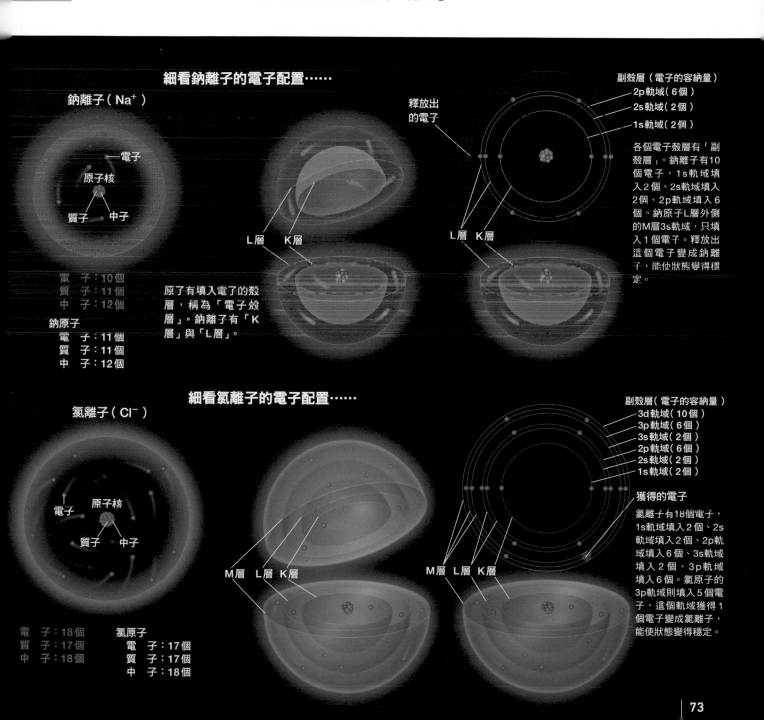

細看鈉離子的電子配置……

鈉離子（Na⁺）

電子
原子核
質子　中子

L層　K層

釋放出的電子

L層　K層

副殼層（電子的容納量）
2p軌域（6個）
2s軌域（2個）
1s軌域（2個）

各個電子殼層有「副殼層」。鈉離子有10個電子，1s軌域填入2個、2s軌域填入2個、2p軌域填入6個。鈉原子L層外側的M層3s軌域，只填入1個電子。釋放出這個電子變成鈉離子，能使狀態變得穩定。

電　子：10個
質　子：11個
中　子：12個

鈉原子
電　子：11個
質　子：11個
中　子：12個

原子有填入電子的殼層，稱為「電子殼層」。鈉離子有「K層」與「L層」。

細看氯離子的電子配置……

氯離子（Cl⁻）

電子
原子核
質子　中子

M層　L層　K層

M層　L層　K層

副殼層（電子的容納量）
3d軌域（10個）
3p軌域（6個）
3s軌域（2個）
2p軌域（6個）
2s軌域（2個）
1s軌域（2個）

獲得的電子

氯離子有18個電子，1s軌域填入2個、2s軌域填入2個、2p軌域填入6個、3s軌域填入2個、3p軌域填入6個。氯原子的3p軌域則填入5個電子，這個軌域獲得1個電子變成氯離子，能使狀態變得穩定。

電　子：18個
質　子：17個
中　子：18個

氯原子
電　子：17個
質　子：17個
中　子：18個

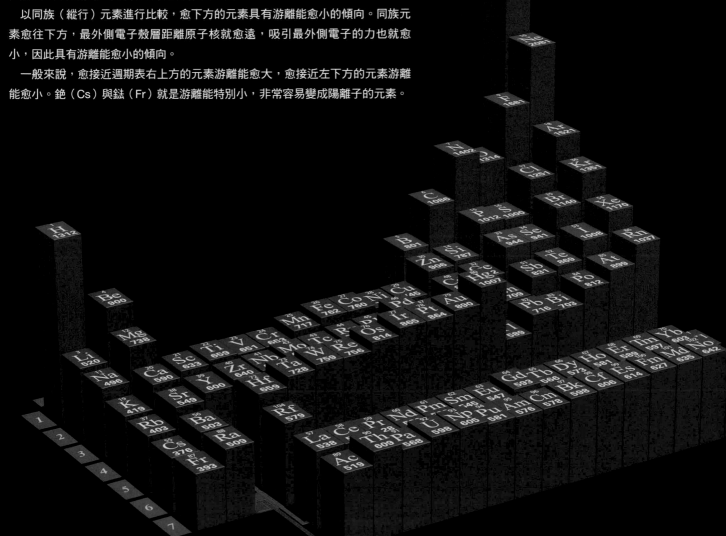

最容易變成陽離子與陰離子的元素分別是什麼？

原 子釋放出帶負電的電子，變成帶正電的陽離子。但電子無法獨自離開原子，因為帶負電的電子與帶正電的質子，彼此之間會因靜電力而互相吸引。而為了使原子釋放出電子，需要能將電子與質子分開的能量。

當原子釋放出 1 個電子時所需要的能量，稱之為「游離能」（ionization energy）。這代表游離能愈小的原子，愈容易變成陽離子。

游離能
（愈小愈容易變成陽離子）

將元素的游離能寫在元素週期表上，元素符號下方記載著游離能的數值（單位為 kJ/mol）。

以同週期（橫列）的元素進行比較，愈右邊的元素具有游離能愈大的傾向。同週期元素的最外側具有相同的電子殼層，而愈右邊的元素，質子數愈多，吸引最外側電子的力愈大，因此具有游離能愈大的傾向。

以同族（縱行）元素進行比較，愈下方的元素具有游離能愈小的傾向。同族元素愈往下方，最外側電子殼層距離原子核就愈遠，吸引最外側電子的力也就愈小，因此具有游離能愈小的傾向。

一般來說，愈接近週期表右上方的元素游離能愈大，愈接近左下方的元素游離能愈小。銫（Cs）與鍅（Fr）就是游離能特別小，非常容易變成陽離子的元素。

那麼相反的，哪個原子最容易變成陰離子呢？原子獲得帶負電的電子變成陰離子，並在獲得電子時會釋放出能量。因為獲得的電子受原子核吸引而變得穩定，變成能量較低的狀態。

當原子獲得 1 個電子時所釋放的能量，稱之為「電子親和力」（electron affinity）。原子吸引電子的力愈大，電子親和力就愈大，也代表愈容易變成陰離子。

電子親和力
（愈大愈容易變成陰離子）

將元素的電子親和力寫在週期表上，元素下方記載著電子親和力的數值（單位為 kJ/mol）。

以相同週期（橫列）的元素進行比較，愈往右邊的元素有電子親和力愈大的傾向（除了最右縱行的第18族之外）。相同週期的元素在最外側有著相同的電子殼層，愈右邊的元素質子數愈多，吸引電子的力就愈大，因此有電子親和力愈大的傾向。不過第18族能填入電子的軌域已經填滿電子，所以電子親和力的值是負的。

以同族（縱行）元素進行比較，愈下方的元素有電子親和力愈小的傾向。同族元素愈往下方，最外側電子殼層距離原子核愈遠，吸引最外側電子的力也就愈小，因此具有電子親和力愈小的傾向。

基於這些因素，愈往週期表的右上方有電子親和力愈大的傾向，愈往左下方則有愈小的傾向。氯（Cl）與氟（F）就是電子親和力特別大，非常容易變成陰離子的元素。

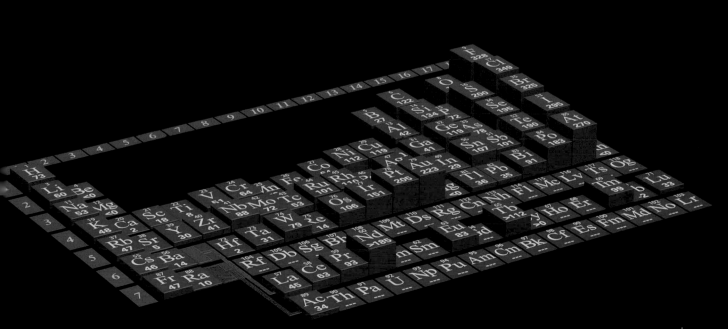

金屬鍵

金屬的原子如何結合

德國物理學家德汝德（Paul Drude，1863～1906）為了說明金屬的「電阻」（electric resistance）[1]，在1900年發表了「德汝德模型」（Drude model）。

在德汝德模型中，金屬是由帶正電的金屬原子（陽離子），以及在金屬原子間移動的「自由電子」（free electron）組成。德汝德認為，電流通過金屬時之所以會產生電阻，是因為帶負電的自由電子邊碰撞帶正電的金屬原子邊移動。後來德汝德結合了探討微觀世界物理定律的「量子論」（quantum theory）概念，成功發展成能夠說明各種金屬性質的模型。

固體金屬是無數金屬原子整齊排列而成的金屬晶體，自由電子則是金屬晶體中的金屬原子所釋放出來的。金屬原子具有容易釋放電子（陽離子）的性質，因此釋放出外側軌域的電子，成了自由電子。而釋放出電子的金屬原子就帶正電。

在金屬晶體中，金屬原子最外側的電子殼層[2]彼此重疊，自由電子就在重疊的殼層之間移動。金屬原子之所以能彼此結合不散開，就是因為自由電子在其間移動之故。 帶正電的金屬原子之間夾著帶負電的自由電子，彼此靠著靜電力結合。

金屬原子之間夾著自由電子的結合方式稱為「金屬鍵」（metallic bond）。金屬的各種性質，就來自於這些自由電子。

※1：以相同電壓進行比較，電阻愈大的金屬則通過的電流愈小，電阻愈小的金屬則通過的電流愈大。

※2：電子殼層是電子存在的層狀領域。距離原子核由近到遠依序排列，分別命名為K層、L層、M層……。愈外側能存在的電子數量愈多。

金晶體中的金原子（下）

1個金原子有K層、L層、M層、N層、O層、P層等電子殼層。K層有2個電子、L層有8個電子、M層有18個電子、N層有32個電子、O層有18個電子、P層有1個電子。

在金的晶體中，金原子釋放出P層的1個電子成為自由電子，釋放出電子的金原子則帶正電。

註：為了方便理解，說明經過簡化。正確來說，P層副殼層中的6s軌域，比O層副殼層中的5d軌域還要內側，而金原子會形成6s軌域與5d軌域的混成軌域（hybrid orbital）。

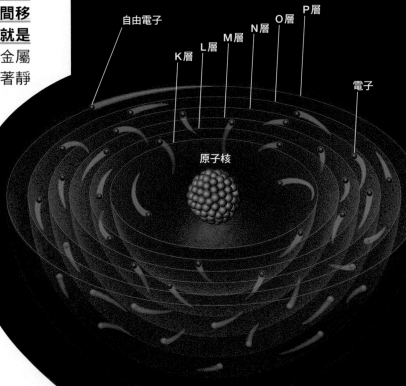

自由電子　　K層　L層　M層　N層　O層　P層　電子　原子核

剖半的金原子

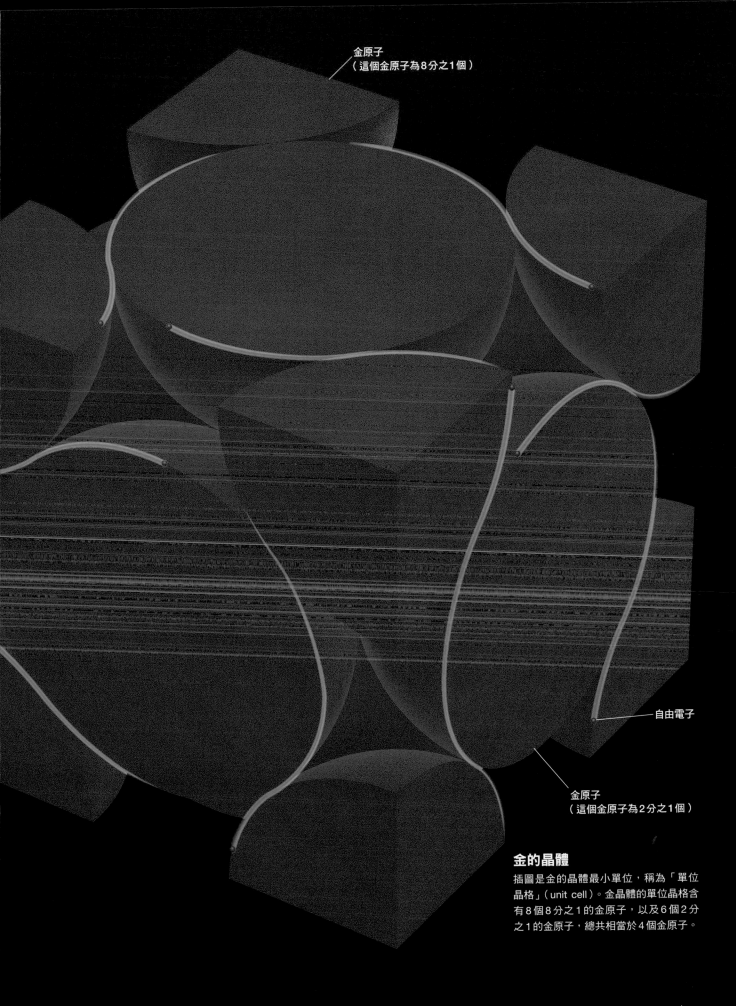

金原子
（這個金原子為8分之1個）

自由電子

金原子
（這個金原子為2分之1個）

金的晶體

插圖是金的晶體最小單位，稱為「單位晶格」（unit cell）。金晶體的單位晶格含有8個8分之1的金原子，以及6個2分之1的金原子，總共相當於4個金原子。

金屬的自由電子具有各種特性

金屬的特性之一就是具有獨特光澤，稱為「金屬光澤」（metallic luster）。

這種光澤由金屬的自由電子所形成。可見光抵達金屬後，其表面的自由電子與可見光以相同的頻率（每秒振動的次數）振動，將可見光抵消，不讓其進入內部。同時，**自由電子透過自身的振動，形成相同頻率的可見光，並從金屬表面放出（反射）。這種自由電子形成的可見光，就是我們看見的金屬光澤。**

再者，金屬的導熱性與導電性很好，也是因為擁有自由電子的關係。

導線（作為電流通道的金屬線）連結電池形成電路後，電流就在其中流動，**這是因為金屬的自由電子在導線中會朝著正極移動**。不過，在導線中移動的自由電子，並非以猛烈的速度在電路中繞行。而是靠著電池的電壓，將塞在導線中的自由電子像是「擠牙膏」般一個一個擠出，進而產生電流。

將金屬加熱後，吸收了熱能的自由電子激烈運動，金屬原子也因為吸收熱能而激烈振動。**這種激烈的自由電子運動與金屬原子的振動，接二連三傳遞到周圍的自由電子與金屬原子。這麼一**來，**金屬就能有效率地導熱。**

即使將金屬延展，也不容易破裂或斷裂，**同樣是因為金屬擁有自由電子之故。即使對金屬施力，改變金屬原子的相對位置，也會因為自由電子在其中移動，使金屬原子彼此能夠重新結合。**

所以金屬可以改變形狀、壓薄或拉長。金屬能夠壓薄的性質稱為「展性」（malleability），能夠拉長的性質稱為「延性」（ductility）。1公克的金（Au），能延展成厚約0.0001毫米、直徑約80公分的圓形。

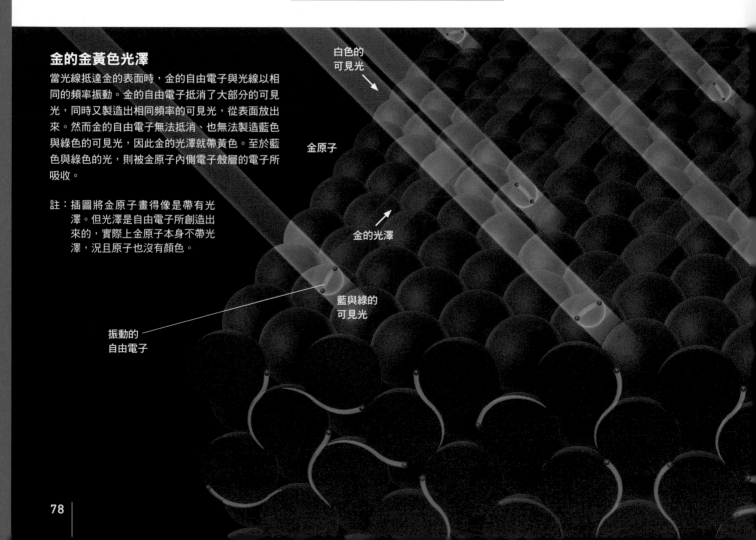

金的金黃色光澤

當光線抵達金的表面時，金的自由電子與光線以相同的頻率振動。金的自由電子抵消了大部分的可見光，同時又製造出相同頻率的可見光，從表面放出來。然而金的自由電子無法抵消、也無法製造藍色與綠色的可見光，因此金的光澤就帶黃色。至於藍色與綠色的光，則被金原子內側電子殼層的電子所吸收。

註：插圖將金原子畫得像是帶有光澤。但光澤是自由電子所創造出來的，實際上金原子本身不帶光澤，況且原子也沒有顏色。

白色的可見光

金原子

金的光澤

藍與綠的可見光

振動的自由電子

傳導電的金的自由電子

下圖將通電電路中的金板局部放大。金的自由電子朝向正極，從圖的左側往右側移動。雖然每個電子移動的距離都很短，但金中塞滿了無數個電子，因此電能流動。不過，當自由電子從負極流向正極時，一般會認為電流是從正極流向負極。因為就歷史來看，在人們發現電子是從負極往正極移動之前，就已經先定義了電流的方向。

傳導熱能的金的自由電子

下圖將導熱中的金棒局部放大。受到加熱的部分，自由電子由於吸收熱能而劇烈運動，金原子也因為吸收了熱能而劇烈振動。這種自由電子的運動與金原子的振動，從加熱處朝向未被加熱處，由圖的左往右傳遞。自由電子的運動傳遞給周圍的自由電子與金原子，金原子的振動則傳遞給周圍的金原子與自由電子。

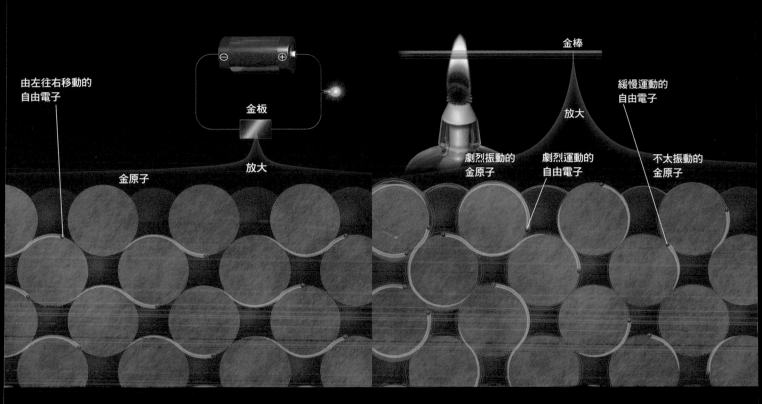

由左往右移動的
自由電子

金板

放大

金原子

金棒

緩慢運動的
自由電子

放大

劇烈振動的
金原子

劇烈運動的
自由電子

不太振動的
金原子

金晶體的滑移（1～2）

對金施力也不容易使其破裂，是因為金的晶體能滑移（slip）。金晶體中的金原子即使相對位置錯開，也能透過自由電子迅速移動，將金原子重新結合在一起。

金是特別容易延展的金屬，因為結構呈現「面心立方晶格」（face-centered cubic lattice）。這種結構含有許多晶體能滑移的「滑移面」（slip plane），以及「滑移方向」（slip direction）。

2. 滑移後的金晶體

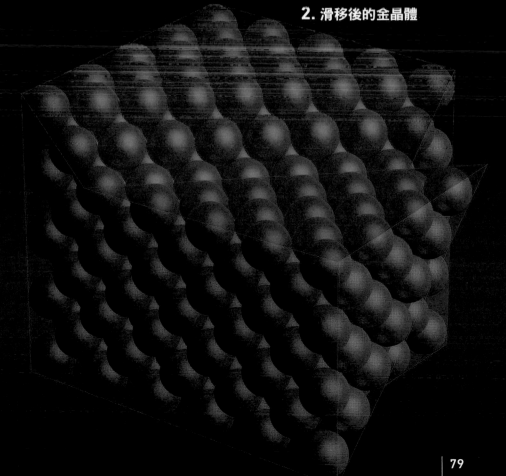

1. 滑移前的金晶體

金原子

在中子變質子、質子變中子的過程中釋出放射線

放射性同位素是原子核不穩定的同位素。當這種不穩定的原子核損壞或變化時，通常會釋放出放射線，變成穩定的原子核。不穩定的理由有3個，分別是「中子或質子的數量太多」、「中子與質子的數量都太多」以及「原子核處於高能量狀態」。原子核的質子數與中子數的組合必須符合一定的規則才能維持穩定，如果數量差距太大，原子核就會不穩定。

中子數量過多的放射性同位素，原子核的1個中子會變成1個質子（**A**）。一旦中子變成質子，就會變成其他元素的原子，並於**此時釋放出一個電子（β射線）。也有些β射線會由電荷與電子相反的「正電子」（positron）形成。**

質子數量過多的放射性同位素，原子核的1個質子會變成1個中子（**B**）。質子一旦變成中子，放射性同位素就會變成其他元素的原子，而這時釋放出的就是正電子。

質子數量過多的放射性同位素中，也有一些原子核的1個質子，會從周圍的內側軌域捕捉1個電子，轉變成1個中子（**C**）。**隨後，更外側軌域的電子跳躍到內側軌域，釋放出X射線。**

中子與質子兩者數量都過多的同位素，除了中子變成質子、質子變成中子之外，也會從原子核釋放出由2個質子與2個中子結合而成的粒子（**D**）。這個粒子就是氦原子核，**所形成的粒子流就是「α射線」。**放射性同位素在釋放出氦原子核後，就會變成其他元素的原子。

中子與質子兩者數量都過多的人造放射性同位素中，原子核也可能主動分裂（**E**），這時放射性同位素就會變成2種不同元素的原子。原子核分裂時，會將多餘的中子釋放出來，這股中子流就是「中子輻射」（neutron radiation）。不過，原子核主動分裂的放射性同位素不存在於自然界。

即便是中子數量與質子數量穩定的組合，也會有不穩定的時候，那就是當原子核處在高能量狀態的情況。像這樣的放射性同位素，在原子核變成低能量的狀態時，就會從原子核中釋放出**電磁波（F），就是「γ射線」。**

放射性同位素釋放出的放射線穿透力比較

放射性同位素釋放出的放射線，有「α射線」、「β射線」、「γ射線」與「中子輻射」。至於放射性同位素衰變形成的原子，會釋放出「X射線」。放射線會傷害或切斷細胞的DNA，可能造成癌化或死亡。因此，處理大量放射性同位素的核電廠等，必須適當地隔絕放射線。我們在日常生活中也會暴露於自然環境的放射線之下，不過通常極為少量，一般來說不會造成問題。

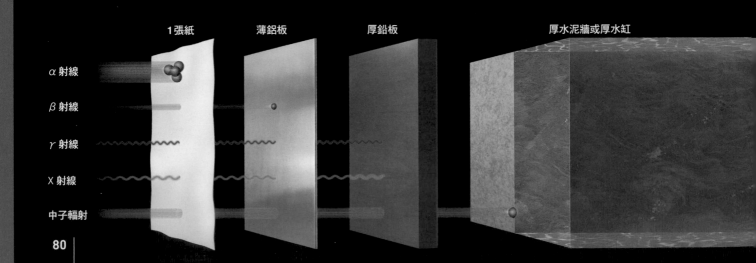

1張紙　　薄鋁板　　厚鉛板　　厚水泥牆或厚水缸

α射線
β射線
γ射線
X射線
中子輻射

A. 中子數量過多，中子變成質子

氚（³H）的中子數量過多，因此 1 個中子會變成 1 個質子（負 β 衰變，negative beta decay），此時會釋放出 1 個電子，這個電子稱為「β 射線」。由於中子變成質子，因此原子序（質子數）加 1，質量數（質子數與中子數相加後的數）不變。

氚（³H）的原子核
（質子 1 個，中子 2 個）

→ β 衰變
（負 β 衰變）

氦3（³He）的原子核
（質子 2 個，中子 1 個）

電子
（β 射線）

質子　中子

B. 質子數過多，質子變成中子

鈉22（²²Na）的原子核
（質子 11 個，中子 11 個）

→ β 衰變
（正 β 衰變）

氖22（²²Ne）的原子核
（質子 10 個，中子 12 個）

正電子
（β 射線）

C. 質子數過多，質子捕獲電子變成中子

鐵55（⁵⁵Fe）的質子數過多，因此 1 個質子會從原子核周圍的電子中，捕獲 1 個位於內側軌域的電子而變成中子（電子捕獲，electron capture）。此時，鐵55就變成錳55（⁵⁵Mn），並在內側軌域多出 1 個能填入電子的空位，外側軌域的電子可能跳躍到這個空位，並釋放出 X 射線。

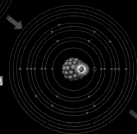

鐵55（⁵⁵Fe）
（質子 26 個，中子 29 個）

電子捕獲

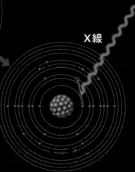

X 線

錳55（⁵⁵Mn）
（質子 25 個，中子 30 個）

註：位於外側軌域的電子，能量狀態比內側軌域的電子高。當外側軌域的電子跳躍到內側軌域時，多餘的能量就變成 X 射線的能量釋放出去。

B. 質子數過多，質子變成中子

鈉22（²²Na）的質子數過多，因此 1 個質子就變成 1 個中子（正 β 衰變，positive beta decay）。此時會釋放出 1 個正電子，這個正電子也稱為「β 射線」。由於質子變成了中子，因此原子序減 1，質量數則不變。

中子與質子數量都過多的放射性同位素，以及原子核處在高能量狀態的放射性同位素

D. 中子與質子數量都過多，釋放出氦原子核

鋂241（²⁴¹Am）的中子與質子兩者都數量過多，因此原子核會釋放出 1 個氦原子核（α 衰變），該粒子流就稱為「α 射線」。而鋂241在釋放出氦原子核後，就變成錼237（²³⁷Np）。由於釋放出了 2 個質子與 2 個中子，因此原子序（質子數）減 2，質量數減 4。

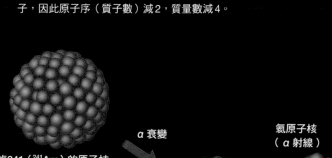

鋂241（²⁴¹Am）的原子核
（質子 95 個，中子 146 個）

α 衰變

氦原子核
（α 射線）

錼237（²³⁷Np）
的原子核
（質子 93 個，中子 144 個）

E. 質子與中子數量都過多，也可能主動分裂

鉲252（²⁵²Cf）的中子與質子數量都過多，因此原子核可能會主動分裂（自發分裂，spontaneous fission）。原子核在分裂時釋放出 2～4 個多餘的中子，而這股中子流就稱為「中子輻射」。

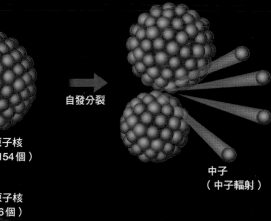

鉲252（²⁵²Cf）的原子核
（質子 98 個，中子 154 個）

自發分裂

中子
（中子輻射）

鎝99m（⁹⁹ᵐTc）的原子核
（質子 43 個，中子 56 個）

γ 衰變

γ 射線

F. 原子核若處在高能量狀態，就會釋放出 γ 射線

鎝99m（⁹⁹ᵐTc）是原子核處在高能量狀態的放射性同位素。當原子核變成低能量狀態時，就會釋放出「γ 射線」（γ 衰變）。至於鎝99m的「m」，則是代表原子核處在準穩定狀態（metastable）的符號。

稀有金屬之所以為稀少元素的原因

「稀有金屬」是經濟與產業方面的名詞，**其實沒有明確的定義，其元素的數量隨著研究者與國家而有所不同。** 日本的經濟產業省在1980年代，將47種元素稱為稀有金屬，當中並沒有包含鉑族的釕（Ru）、銠（Rh）、鋨（Os）、銥（Ir）。但鉑族的6個元素總是一起產出，因此許多研究者都將鉑族元素全部視為稀有金屬。

根據日本經濟產業省的標準，週期表最下方的「錒系元素」也未被包含於稀有金屬中。但「鈾」（U）和「鈽」（Pu）是核能發電的重要燃料，「釷」（Th）也正在評估作為核電燃料的可能性，因此許多研究者也將這三者視為稀有金屬。

此外，「鑭系元素」也像錒系元素一樣，從週期表另外拉出來分類。鑭系元素的內部結構非常特別，和過渡元素一樣，儘管內側仍有空位，電子卻先填入外側的電子殼層，再跳躍到內側的電子殼層。不過過渡元素是往內跳一層，鑭系元素則往內跳兩層。這些鑭系元素全部被分類為稀土元素。

稀有金屬的存在量少，開採效率又差

一般而言，因為某種理由而產量「稀少」的金屬或半金屬，就被稱為稀有金屬，但每種稀少的原因都各不相同。

首先舉出名符其實「在地殼（厚30公里左右的地球表層）中存在量稀少的元素」，其代表性的例子就是鉑族元素，以及鈮與錸等。

稀有金屬即使全部加起來，也只約占地殼中存在量的1%。這樣聽來或許會以為所有稀有金屬的存在量都很少，但其中也包含了在地殼中存在量比銅、鉛、鋅等卑金屬還要多的稀有金屬。

既然如此，為什麼這些金屬會被歸類為稀有金屬呢？主要原因有兩個。

第一是「存在量雖然不少，但

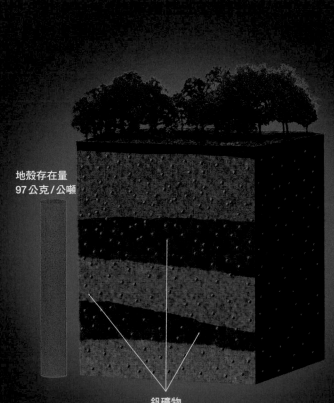

含量豐富，卻無法整批產出的元素

舉例來說，釩的地殼存在量比銅還多。但其分布卻與銅不同，範圍廣大、密度稀薄，基於難以取得之故，釩被歸類為稀有金屬。

地殼存在量
97公克/公噸

釩礦物

難以整批產出」。舉例來說，釩在地殼中的存在量為97ppm（1ppm是1公噸地殼中含有1公克該種元素），比非稀有金屬的「銅」還多，銅只有28ppm。且釩在地殼中的分布範圍又廣又薄，難以取得，因此被歸類為稀有金屬。

此外，現在也已經確定南非的優良礦山中，埋藏有數萬公噸的鉑。但需要1公噸的礦石，才能抽取出1輛車所需的5公克鉑。

地殼中的存在量明明不少，卻被歸類為稀有金屬的另一個原因，就是「存在量雖然不少，從礦石中取出卻費時費工」。

舉例來說，鈦的地殼存在量為每公噸3836公克（3836ppm），僅次於鎂（15000ppm）。其存在量之多，甚至與銅不在同一個等級。因此就存在量來看，幾乎可說是無窮無盡。

但需要耗費龐大的時間與電力，才能將鈦以金屬形式取出，導致生產效率非常差。基於這種製造技術上的問題，鈦也被分類為稀有金屬。　　　🪐

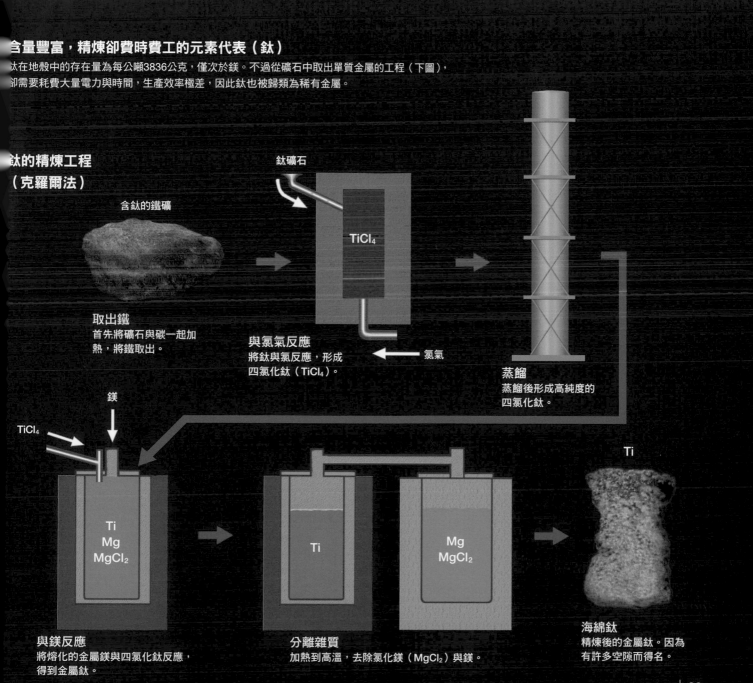

含量豐富，精煉卻費時費工的元素代表（鈦）

鈦在地殼中的存在量為每公噸3836公克，僅次於鎂。不過從礦石中取出單質金屬的工程（下圖），卻需要耗費大量電力與時間，生產效率極差，因此鈦也被歸類為稀有金屬。

鈦的精煉工程
（克羅爾法）

鈦礦石

含鈦的鐵礦

$TiCl_4$

取出鐵
首先將礦石與碳一起加熱，將鐵取出。

與氯氣反應
將鈦與氯反應，形成四氯化鈦（$TiCl_4$）。

氯氣

蒸餾
蒸餾後形成高純度的四氯化鈦。

鎂

$TiCl_4$

Ti
Mg
$MgCl_2$

Ti

Mg
$MgCl_2$

Ti

與鎂反應
將熔化的金屬鎂與四氯化鈦反應，得到金屬鈦。

分離雜質
加熱到高溫，去除氯化鎂（$MgCl_2$）與鎂。

海綿鈦
精煉後的金屬鈦。因為有許多空隙而得名。

4 徹底介紹 118種元素

第4章將從習以為常的元素到不熟悉的元素，徹底介紹這118種。仔細去看各個元素的特性，就能知道日常生活中存在如此多樣的元素。如果去瞭解各個元素的用途，也會發現在生活中，竟然有意想不到的元素被使用於出乎意料的地方。

此外，日後也會因為觀測儀器等的進步，而發現更多的人造元素吧！也期待日本能繼原子序113的「鉨」之後，繼續發現其他元素。

元素名稱的由來五花八門，有地名、神名、人名⋯⋯。

元素的名稱透過IUPAC（國際純化學和應用化學聯合會）的討論決定。而在決定名稱時，並未特別設定規範，因此名稱的由來包括地名、原料、天體名稱、神名、人名等，種類相當繁多。

其中比較特殊的是釔（Y）、鋱（Tb）、鐿（Yb）、鉺（Er）

第4章 資料的閱讀方式

下一頁開始介紹118種元素，列出如下的資訊欄位。

基礎資料

質子數

價電子數

原子量 將碳的同位素^{12}C原子量設為12時的相對比例

熔 點 單位為「℃」

沸 點 單位為「℃」

密 度 單位為「g/cm³」（常溫的密度）

豐度
地 殼 地殼中的存在比例
太陽系 宇宙中的存在比例[1]

存在場所 含有該元素的代表性物質及礦物的主要產地

價 格 參考4種資料列出一般的流通價格[2]

發現者 發現者名（國名）

發現年

小知識

元素名稱由來
列出該元素的語源。如果眾說紛紜，就列出最具代表性的。

發現時的故事
關於發現該元素的故事。

主要化合物
列出高中「化學」會學到的主要化合物。

主要同位素
列出主要的穩定同位素。元素符號左上方的數字，是質子與中子相加而成。同時也會列出該同位素在元素中所占的比例。

註：關於質子數及價電子數，參考《改訂第5版化學手冊 基礎篇》(丸善出版)；關於原子量，依據的是「日本化學會原子量專門委員會在2022年發表的原子量表」；主要同位素來自「日本化學會原子量專門委員會於2020年發表的元素同位素組成表」；熔點、沸點、密度及豐度則參考《理科年表 2022年度版》。※數據為2022時的資料

元素在週期表上的位置
（該元素顯示為紅色，同族元素顯示為粉紅色）

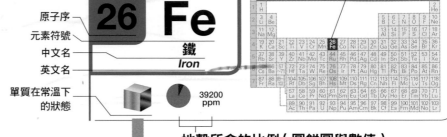

原子序
元素符號
中文名
英文名
26 **Fe** 鐵 *Iron*

單質在常溫下的狀態

39200 ppm

地殼所含的比例（圓餅圖與數值）
（圓餅圖中的1％代表1萬ppm。但1萬ppm以下也全部都以1％呈現）

※1：將矽設為1×10⁶時的原子數

※2：〈價格出處〉
♣《物價資料》（2022年8月號）
◆ 日本能源和金屬礦物資源機構（JOGMEC）《礦物資源物流》（2020，2021）
■ 日本 Nilaco 公司純金屬價格表
★ 日本富士底片和光純藥工業 假設1美元＝新臺幣30元

🎈 氣體　💧 非金屬：液體　💧 金屬：液體

⬜ 非金屬：固體　⬛ 金屬：固體

人造元素

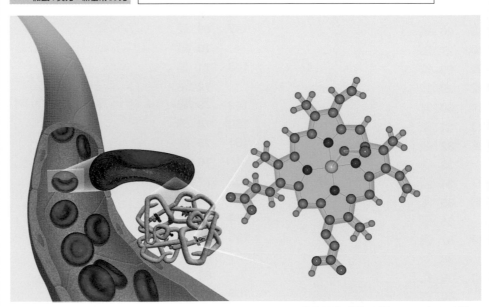

使用圖像或插圖說明各元素的特性。

這4種元素，名稱全部都來自北歐瑞典的村子「伊特比」（Ytterby）。

伊特比是位於瑞典首都斯德哥爾摩近郊的小村落。1794年，芬蘭化學家加多林（Johan Gadolin，1760～1852）分析這座村子產出的礦物（隨後被命名為「加多林石」〔gadolinite，正式譯名為矽鈹釔礦〕），發現了新的元素釔。原本以為只有單一成分，但經過分析後又從中發現了鋱和鉺，而後又從鉺當中發現了鐿。

名稱源自於地名的元素有很多，但4種元素名稱都源自於同一個地名的例子，就只有「伊特比」，顯示出加多林石是多麼地罕見。

到2012年為止，已經發現了原子序112之前的元素，以及114、116的元素。2016年11月再加上新發現的113、115、117、118共4種元素，元素的數量來到了118種。

從下一頁開始，就來仔細介紹這118種元素吧！

地球與人體的元素排行榜

將地球與人體所含的主要元素，根據比例大小依序排列。從表中可以看出，排名較高的元素，含量比例遠大於其他元素。

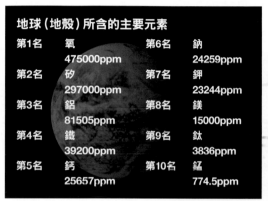

地球（地殼）所含的主要元素

第1名	氧 475000ppm	第6名	鈉 24259ppm
第2名	矽 297000ppm	第7名	鉀 23244ppm
第3名	鋁 81505ppm	第8名	鎂 15000ppm
第4名	鐵 39200ppm	第9名	鈦 3836ppm
第5名	鈣 25657ppm	第10名	錳 774.5ppm

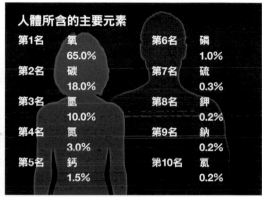

人體所含的主要元素

第1名	氧 65.0%	第6名	磷 1.0%
第2名	碳 18.0%	第7名	硫 0.3%
第3名	氫 10.0%	第8名	鉀 0.2%
第4名	氮 3.0%	第9名	鈉 0.2%
第5名	鈣 1.5%	第10名	氯 0.2%

名稱來自地名及國名的元素

釔（Y）、鋱（Tb）、鉺（Er）和鐿（Yb）的名稱來自瑞典村莊「伊特比」。芬蘭化學家加多林分析這座村莊產出的黑色礦物（不久之後被命名為「加多林石」），從中發現了釔的氧化物。接著，瑞典化學家莫桑德（Carl Mosander，1797～1858）從同一種礦物中發現了鋱與鉺，瑞士化學家馬利納克（J.C.G.Marignac，1817～1894）又發現了鐿。而加多林也因為這樣的功績，成為釓（Gd）的名稱由來。

挪威海

斯堪的那維亞半島

伊特比

瑞典的伊特比村

元素（括弧中為英語或拉丁語名稱）				元素名稱由來	
21	Sc	鈧（scandium）	斯堪迪亞	「斯堪的那維亞」的古名
29	Cu	銅（copper）	賽普勒斯島	地中海的島嶼，古代銅的產地
31	Ga	鎵（gallium）	高盧	「法國」的拉丁名
32	Ge	鍺（germanium）	日耳曼尼亞	「德國」的古名
38	Sr	鍶（strontium）	斯壯蒂安	蘇格蘭村莊
39	Y	釔（yttrium）	伊特比	瑞典的村莊
44	Ru	釕（ruthenium）	羅塞尼亞	中世紀俄羅斯地區的拉丁名
63	Eu	銪（europium）	歐洲	世界七大洲之一
65	Tb	鋱（terbium）	伊特比	瑞典的村莊
67	Ho	鈥（holmium）	霍米亞	「斯德哥爾摩」的拉丁名
68	Er	鉺（erbium）	伊特比	瑞典的村莊
69	Tm	銩（thulium）	圖勒	歐洲傳說中的極北之地
70	Yb	鐿（ytterbium）	伊特比	瑞典的村莊
71	Lu	鎦（lutetium）	盧泰西亞	「巴黎」的古名
72	Hf	鉿（hafnium）	哈夫尼亞	「哥本哈根」的拉丁名
75	Re	錸（rhenium）	萊納斯	「萊茵河」的拉丁名
84	Po	釙（polonium）	波洛尼亞	「波蘭」的拉丁名
87	Fr	鍅（francium）	法國	國名
95	Am	鋂（americium）	美洲大陸	大陸
97	Bk	鉳（berkelium）	柏克萊	美國的城市
98	Cf	鉲（californium）	加州	美國的州
105	Db	𨧀（dubnium）	杜布納	俄羅斯的城市
108	Hs	𨭆（Hassium）	黑森邦	德國的邦
110	Ds	鐽（darmstadtium）	達姆施塔特	德國的城市
113	Nh	鉨（nihonium）	日本	國名
115	Mc	鏌（moscovium）	莫斯科州	俄羅斯的州
116	Lv	鉝（livermorium）	利佛摩 ※	美國的城市
117	Ts	鿬（tennessine）	田納西州	美國的州

※：利佛摩這個名稱源自於該地區地主的名字，發現鉝的美國勞倫斯利佛摩國家實驗室（LLNL）的名稱也源自於該地主。

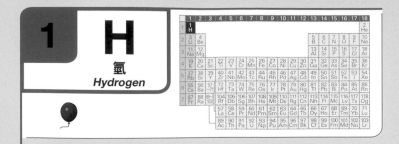

動物細胞
含有遺傳訊息的染色體，
位於各細胞核內。

細胞核

氫是形成生物的基因本體DNA不可或缺的元素。DNA就像是2條長帶，以同一軸為中心捲成的螺旋狀結構。從長帶中突出腺嘌呤（A）、胞嘧啶（C）、鳥嘌呤（G）、胸腺嘧啶（T）這4種鹼基（含氮的環狀有機化合物）。其中腺嘌呤與胸腺嘧啶、胞嘧啶與鳥嘌呤彼此鍵結，形成雙螺旋結構。氫原子就與這個鍵結的部分有關。

　　形成DNA雙股螺旋結構的鍵結方式，稱為『氫鍵』。構成鹼基的氮原子及氧原子吸引電子的力道很強，因此一方鹼基中的氮原子或氧原子，會吸引另一方鹼基中的氫原子，並試圖共享電子，於是形成氫鍵。但氫鍵的特性是鍵結的力道很弱，容易斷裂。氫鍵斷裂的DNA鎖鏈與其他蛋白質結合，對DNA進行複製。

　　氫便這樣在體內負責扮演氫鍵的角色，因此也是體內含量第3高的元素，僅次於氧和碳。

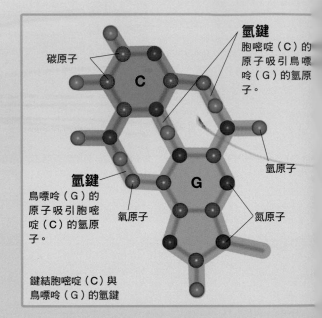

氫鍵
胞嘧啶（C）的
原子吸引鳥嘌
呤（G）的氫原
子。

碳原子

氫鍵
鳥嘌呤（G）的
原子吸引胞嘧
啶（C）的氫原
子。

氧原子

氫原子

氮原子

鍵結胞嘧啶（C）與
鳥嘌呤（G）的氫鍵

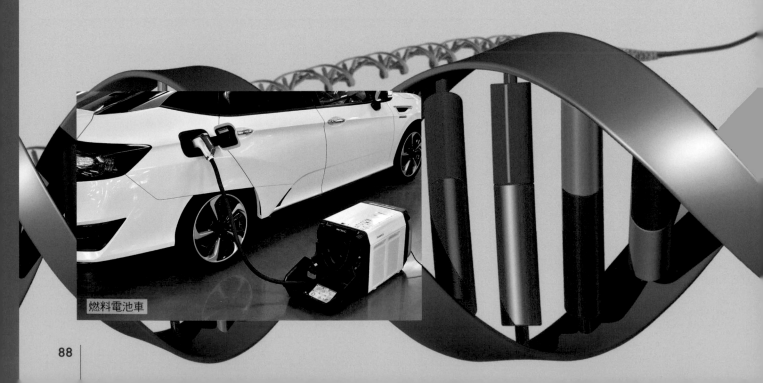

燃料電池車

染色體
由DNA纏繞蛋白質而成

氫鍵
腺嘌呤（A）的原子
吸引胸腺嘧啶（T）
的氫原子。

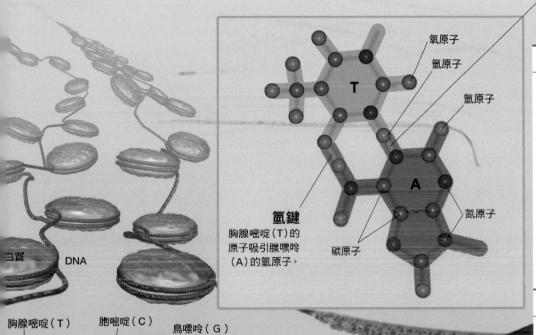

氧原子

氫原子

氫原子

T

A

氮原子

氫鍵
胸腺嘧啶（T）的
原子吸引腺嘌呤
（A）的氫原子。

碳原子

白質　　DNA

胸腺嘧啶（T）　　胞嘧啶（C）　　鳥嘌呤（G）

氫鍵

T　C　T　A

A　G　A　T

G　C

將DNA放大，就會發現
DNA是由4種鹼基結合而
成的2條「長帶」。氫就用
於DNA的鍵結。

腺嘌呤（A）

基礎資料	
質子數	1
價電子數	1
原子量	1.00784 ～ 1.00811
熔點	-259.16
沸點	-252.88
密度	0.00008988
豐度	
地殼	—
太陽系	3.09×10^{10}
存在場所	水、胺基酸等
價格	96 元（每立方公尺）♣
發現者	卡文迪西 （Henry Cavendish，英格蘭）
發現年	1766 年

小知識

元素名稱由來
源自於希臘語的「水」（hydro）與
「生成」（genes）。

發現時的故事
1766年卡文迪西從氧與鐵等的反應
中，發現了比空氣還要輕的氣體，這
就是現今的氫。拉瓦節在1783年為
其命名。

主要化合物
氯化氫（HCl）、水（H_2O）、硫化氫
（H_2S）、氨（NH_3）、甲烷（CH_4）、
葡萄糖（$C_6H_{12}O_6$）、硫酸銨
（$(NH4)_2SO_4$）、氫氧化鋁（Al(OH)$_3$）、
乙烷（C_2H_6）、硫酸（H_2SO_4）

主要同位素
^{1}H（99.972%～99.999%），
^{2}H（0.001%～0.028%）

2 He

氦
Helium

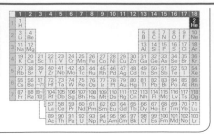

氦只比氫重，而且不可燃，因此用來作為使飛行船浮在半空中的氣體使用。

氦與氫同為宇宙誕生之初，最早形成的元素。現在宇宙中的數量也僅次於氫，氫與氦相加起來約占宇宙的98%（不考慮暗物質與暗能量的情況）。

氦是僅次於氫，第二輕的元素。但和氫不同的是不會燃燒，相當安全，因此氦氣被用來使氣球、熱氣球或飛行船浮起來。氦的另一個知名用途，則是改變聲音的「變聲氣體」。如果聲帶附近充滿變聲氣體，聲帶振動時傳遞的聲波會與只有空氣的情況不同，因此聲音聽起來就會不同。

氦即使進入體內，也不會與體內的物質結合，因此不會對人體造成不良影響。

基礎資料

質子數	2
價電子數	0
原子量	4.002602
熔點	-272.20
沸點	-268.928
密度	0.0001786
豐度	
地殼	—
太陽系	2.63×10^9
存在場所	某種天然氣體
價格	856 元（每立方公尺）♣
發現者	洛克耶 （Joseph Lockyer，英格蘭）
發現年	1868 年

小知識

元素名稱由來
希臘語的「太陽」（helios）。

發現時的故事
洛克耶在分析太陽光時，認為太陽的黃光是由新的元素所發出，因此將這個新的元素命名為「氦」。

主要化合物 —

主要同位素
^{3}He（0.0002%），
^{4}He（99.9998%）

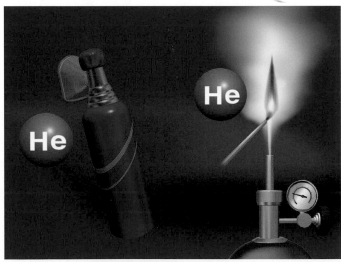

氦的反應性低，因此即使接近火源也不會燃燒。此外，氦也作為變聲氣體使用，雖然吸入人體安全無虞，但吸入過量仍具有危險性。

氦由初期宇宙的核融合反應形成

氦是宇宙中第2多的元素。根據加莫夫（George Gamow，1904～1968）的「大霹靂理論」（big bang theory），初期宇宙處於高溫、高密度的灼熱狀態，原子核以猛烈的態勢彼此碰撞、融合，發生「核融合反應」（右圖）。推測大量的氦就是透過這樣的核融合反應形成。

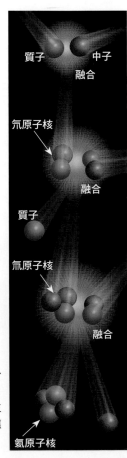

質子　中子
融合

氘原子核

融合

質子

氘原子核

融合

氦原子核

● 氣體　　 ◈ 非金屬：液體　　 ◬ 金屬：液體　　 ▢ 非金屬：固體　　 ▤ 金屬：固體　　 ● 地殼中所含的比例

3 Li
鋰
Lithium

  24 ppm

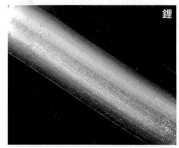

鋰作為鋰電池、躁鬱症的治療藥物、太空船等密閉空間的二氧化碳吸收劑、潤滑劑、製造合成橡膠原料異戊二烯（isoprene）時的催化劑、強化玻璃、琺瑯、合金等的原料使用。

鋰 和氫、氦同樣都是在宇宙誕生之時，最早形成的元素。存在於礦石與礦泉中，元素名稱來自希臘語的「石頭」（lithos）。此外，鋰也是最輕的金屬。

各位在聽到「鋰」的時候，腦中首先浮現的應該就是「鋰電池」吧？鋰電池雖然輕巧但容量大，充電效率高，因此作為筆記型電腦與智慧型手機等行動裝置的電池使用。此外，含有鋰的碳酸鋰也被用於雙極性疾患（bipolar disorder，俗稱躁鬱症）的治療藥物。

鋰電池輕巧、大容量、充電效率高，因此作為智慧型手機與電腦等的電池使用。上方照片是油電混合車等環保車使用的鋰電池。因油電混合車與電動車的普及，鋰在2006年至2007年之間有一段時期陷入供給不足。根據預測，全世界鋰電池用的鋰，需求量在今後將大幅增加。

基礎資料

質子數	3
價電子數	1
原子量	6.938～6.997
熔點	180.50
沸點	1330
密度	0.534

豐度
地殼	24ppm
太陽系	56.2

存在場所	鋰輝石、鋰雲母（智利、加拿大等）
價格	3716元（金屬，每公斤）◆
發現者	亞維森（Johann Arfvedson，瑞典）
發現年	1817 年

小知識

元素名稱由來
希臘語的「石頭」（Lithos）。

發現時的故事
分析「透鋰長石」（petalite）這種礦物時發現。

主要化合物
$LiOH$，Li_2O，Li_2CO_3。

主要同位素
^6Li（1.9%～7.8%），
^7Li（92.2%～98.1%）

神經元

神經元細胞膜

IP$_3$

從內質網釋放出的鈣離子

IMPA2

鋰離子
鋰離子會妨礙有關細胞內訊號傳達的酵素IMPA2的作用，因此碳酸鋰被使用於躁鬱症的治療藥物。

內質網

接收到訊號的體內神經元（neuron，也稱神經細胞），會從細胞膜釋放一種名為IP$_3$的物質到細胞質中，與內質網（endoplasmic reticulum）結合，釋放出鈣離子。而躁鬱症患者的神經元內鈣離子濃度很高。治療躁鬱症的藥物之一的鋰離子，能妨礙名為IMPA2的酵素運作。這種酵素在IP$_3$重返細胞膜的過程中發揮作用，因此妨礙其運作就能抑制神經元內的化學反應。

鋰的寶庫「亞他加馬鹽沼」

智利的亞他加馬鹽沼（Salar de Atacama）位於海拔約2300公尺的高地，而這裡曾經是海洋。安地斯山脈（Andes Mts.）因為造山運動而隆起，導致海水乾涸，鋰離子累積。每年只有幾天降雨的乾燥氣候，幫助了鋰的生產。

4 Be
鈹
Beryllium

 2.1 ppm

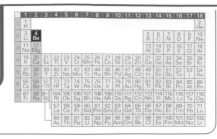

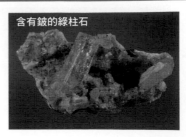

含有鈹的綠柱石

鈹是在綠柱石（beryl）這種六角柱形礦石中發現的。而透明度高、特別美麗的綠柱石，則被加工成祖母綠（左側照片）與海藍寶石等珠寶。

鈹是銀白色的金屬，其表面在空氣中形成氧化薄膜，因此能穩定存在。鈹具有輕巧、堅硬、強韌、高熔點等特性。

在銅中添加鈹製成的鈹銅，是強度最高的銅合金，且兼具導電的性質，因此作為各種零件的彈簧材料，為電子儀器與汽車的小型化、輕量化、長壽化帶來貢獻。近年來也作為高度信賴的零件，使用於醫療儀器（人工呼吸器）、5G基地臺、電動車的自動駕駛等。除此之外，因不會產生火花的特性活用在安全工具、具備易散熱特性的塑膠成型用金屬模具，也因在海水中不易生鏽，使用於大陸間光纖用海底中繼器（內建增幅器的容器）等。此外，以美國太空總署（NASA）為中心開發的韋伯太空望遠鏡也使用鈹作為主鏡。

鈹作為非銅合金材料，用在X光機與電腦斷層掃描儀（computer tomography scanner，CT scanner）的窗口，讓X射線能穿透。除此之外，作為雷射反射鏡，以及核融合反應爐中的中子倍增材料也受到矚目。不過，持續吸入鈹粉末可能導致肺部疾病，在處理時必須注意，譬如需要在熔化或切削時佩戴專用口罩。

基礎資料

質子數	4
價電子數	2
原子量	9.0121831
熔點	1287
沸點	2469
密度	1.85
豐度	
地殼	2.1ppm
太陽系	0.617
存在場所	綠柱石、矽鈹石（巴西、俄羅斯等）
價格	
發現者	烏勒（Friedrich Wöhler，德國）與比希（Antoine Bussy，法國）
發現年	1828 年

小知識

元素名稱由來
礦物「綠柱石」（beryl）的名稱。

發現時的故事
從綠柱石的化學分析中發現。「鈹」由烏勒命名。

主要化合物
BeO，Be（OH）$_2$

主要同位素
^{9}Be（100%）

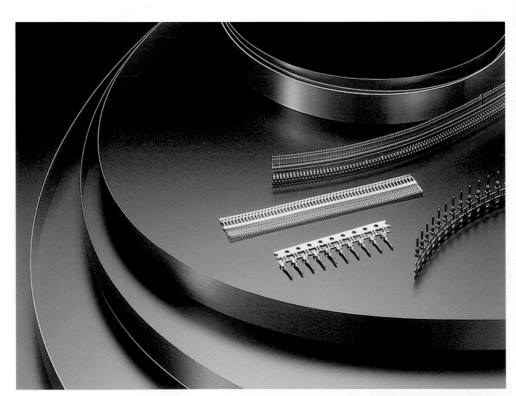

作為高強度、導電彈簧材料的鈹銅合金。

● 氣體　　▲ 非金屬：液體　　▲ 金屬：液體　　■ 非金屬：固體　　■ 金屬：固體　　● 地殼中所含的比例

5 **B**
硼
Boron

  17 ppm

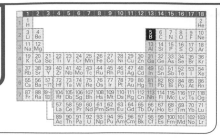

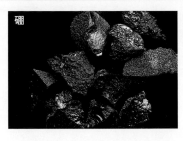

硼被使用於耐熱玻璃、火箭引擎的噴管、驅除蟑螂用的「環保蟑螂藥」、醫藥品等的合成反應、醫療用洗眼液、研磨劑、合金添加劑等。

自然界不存在硼的單質，硼以硼砂（borax）、硬硼鈣石（colemanite）、鈉硼解石（ulexite）等硼酸鹽礦物的形式產出。硼的單質可以從這些化合物中分離出來。

硼無論是單質還是化合物，都具備優異的耐火性。其單質呈黑灰色，但混入玻璃中就會變得透明。含硼玻璃的特性是熱膨漲率小，即使加熱也不容易變形。因此經常作為耐熱玻璃，使用於調理用的鍋具、化學實驗用的燒杯、燒瓶等。

至於硼酸最常見的用途則是驅除蟑螂的「環保蟑螂藥」，以及洗眼液等醫藥品。除此之外，各式各樣的硼化合物也作為研磨劑、合金添加劑等，作為工業用途。

2001年，由日本青山學院大學的秋光純教授領導的研究小組發現，二硼化鎂展現出39K的高溫超導特性，因此受到了廣泛關注。

基礎資料

質子數	5
價電子數	3
原子量	10.806 ～ 10.821
熔點	2076
沸點	3927
密度	2.34
豐度	
地殼	17ppm
太陽系	19.1
存在場所	硼砂、硬硼鈣石（美國等）
價格	378 元（每公克）■ 粉末
發現者	莫瓦桑（Henri Moissan，法國）
發現年	1892 年

小知識

元素名稱由來

阿拉伯語的「硼砂」（buraq）。

發現時的故事

硼砂（硼的化合物）是自古以來就為人所知的化合物。純粹的單質則由莫瓦桑從氧化硼中分離出來。

主要化合物 ─

主要同位素

^{10}B（18.9% ～ 20.4%），
^{11}B（79.6% ～ 81.1%）

耐熱玻璃製成的茶壺。

只由碳形成的各種物質

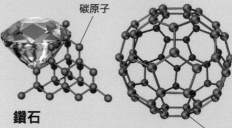

碳原子

富勒烯

由60個碳原子結合成足球狀。在極低溫的情況下會變成超導狀態。

鑽石

碳原子以正四面體形狀互相重疊，緊密結合。以這種結構形成的鑽石，是最堅硬的礦物。

碳原子

碳原子

石墨

碳原子排列成正六角形形成的平面狀。平面與平面間的結合薄弱，因此容易剝落。鉛筆的筆芯，就由石墨與黏土混和製成。

碳 是一種從史前時代就以木炭的形式使用至今，同時也走在現代科學最尖端的元素。舉例來說，目前正在研究以奈米碳管（carbon nanotube）取代矽，作為電子元件的可能性，而奈米碳管就是由碳原子形成的奈米尺寸物質。碳無論是作為節能的薄型電視重要零件，還是汽車與太空船的材料等，在各個領域的應用都備受期待。

奈米碳管的導電性隨著直徑與碳原子的排列方式而改變，這樣的性質非常罕見。舉例來說，銅在任何時候都容易導電，橡膠則總是不容易導電。目前也正在進行利用奈米碳管的這種性質製造電晶體與電子電路的研究。

此外，碳原子之間的結合力非常強，奈米碳管與相同重量的鋼鐵相比，強度多了20倍。儘管如此堅硬，彈力卻相當優異，即使彎曲到60度左右也能立刻彈回原狀，對汽車等而言是最適當的材料。

碳是一種性質會隨原子結合方式改變的元素。除了奈米碳管之外，鑽石、石墨也都是只由碳原子所構成的物質，但這些物質的性質卻大不相同。

由碳形成的鑽石

1772～1773年，法國化學家拉瓦節發現用太陽光燃燒鑽石，就會變成「二氧化碳」。而後，英國的譚能特（Smithson Tennant，1761～1815）在1794年發現鑽石完全由碳形成。

6

奈米碳管

個球體都是碳原子。藍色部分是為了清楚呈現旋狀結構而加上的顏色。改變螺旋的角，就能使奈米碳管變得容易通電或是容易通電。

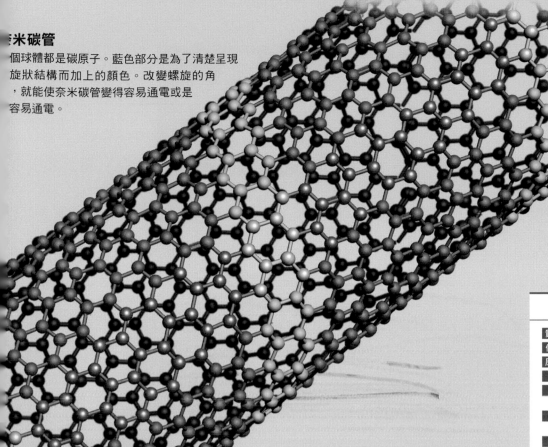

澱粉
（直鏈澱粉）

氫

碳

氧

尼龍

氮

氫

運動服

氧

碳

寶特瓶

熱氣球的球體部分
（球皮）

寶特瓶的分子是規律摺疊的長分子

樹幹
（纖維素）

導管

聚對酞酸乙二酯
（PET）

碳形成的「有機物」

包含人類在內的所有生物，都是由有機物組成。有機物是以碳組成骨架，再附加上氫、氮、硫、磷、鹵素等元素所構成的物質。碳在週期表中位於第14族，這族容易與氫、氧之類的元素結合。其最外側有4個電子、4個空位，因此能與許多元素結合，目前形成了1億種以上的化合物。

基礎資料

質子數	6
價電子數	4
原子量	12.0096 ～ 12.0116
熔　點	—
沸　點	3825（昇華）
密　度	3.513（鑽石的情況）

豐度
地　殼	—
太陽系	8.32×10^6

存在場所	石墨（中國等）、鑽石（剛果等）
價　格	57 元（每公斤）◆ 天然石墨粉末
發現者	布萊克（Joseph Black，英格蘭）
發現年	1752 ～ 1754 年

小知識

元素名稱由來

源自於拉丁語的「木炭」（Carbo）。

發現時的故事

布萊克發現加熱石灰石時，以及將酸倒在碳酸鹽上時，會產生相同的氣體（後來得知這種氣體就是二氧化碳），並將此發現整理成報告。至於碳本身則是在史前時代就已經知道的元素。「碳」這個名稱是由拉瓦節所命名。

主要化合物

二氧化碳（CO_2）、一氧化碳（CO）、甲烷（CH_4）、葡萄糖（$C_6H_{12}O_6$）、乙烷（C_2H_6）、丙烷（C_3H_8）、碳酸鈉（Na_2CO_3）、苯（C_6H_6）、萘（$C_{10}H_8$）、乙醇（C_2H_5OH）

主要同位素

^{12}C（98.84% ～ 99.04%）、
^{13}C（0.96% ～ 1.16%）

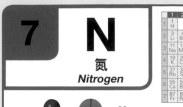

7	**N**
	氮
	Nitrogen

83 ppm

含有氮的代表性礦物「鈉硝石」（nitratite），日本的產地為栃木縣。生成於一種凝灰岩大谷石（Oya stone）的表面，但生成原因依然成謎。

氮 約占我們體內元素的百分之3，僅次於氧、碳、氫。

人體內的其中一種氮化物，就是「胺基酸」（amino acid），為蛋白質的零件，如串珠般串在一起就形成蛋白質。胺基酸總共有20種，改變胺基酸的種類、順序、連結的長度等，就能形成各種不同的蛋白質。

胺基酸是由中心的碳原子（C）與氫原子（H）、羧基（-COOH）、胺基（-NH2），以及側鏈（決定胺基酸性質的部分，依胺基酸的種類而有所不同）結合而成的物質，而氮就存在於胺基中。胺基酸彼此結合時，胺基的氮與羧基的碳，透過化學鍵結合在一起，這種由碳與氮形成的化學鍵就稱為「肽鍵」（peptide bond）。

除了胺基酸與蛋白質之外，氮也形成尿素等各式各樣的化合物，並存在於我們的體內。

氮分子廣泛使用於金屬工業、石化工業、電子工業等產業。此外，一氧化氮（NO）具有血管擴張作用，因此也用作心絞痛的藥物。

耐絞寧舌下錠

（硝化甘油製劑）硝化甘油是心絞痛的藥物，分解後產生的一氧化氮（NO）具有擴張冠狀動脈的效果。

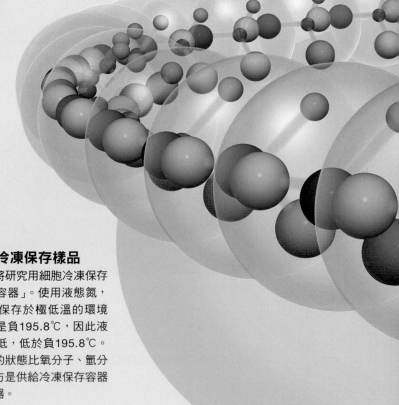

使用液態氮冷凍保存樣品

左圖左後方為將研究用細胞冷凍保存的「冷凍保存容器」。使用液態氮，能將樣品冷凍保存於極低溫的環境下。氮的沸點是負195.8℃，因此液態氮的溫度極低，低於負195.8℃。此外，氮分子的狀態比氧分子、氫分子穩定。右前方是供給冷凍保存容器液態氮的儲藏器。

7

胺基酸之間是碳與氮的結合

蛋白質由20種胺基酸如串珠般串在一起而成。而由胺基酸形成的串珠以特定形式折疊，變成具功能性的蛋白質。插圖是將某種蛋白質從肌肉中抽取出來，解開其蛋白質的折疊結構，並放大到能清楚看見胺基酸串珠。連續的胺基酸，是由胺基的氮與羧基的碳，透過化學鍵（肽鍵）結合在一起。

折疊的蛋白質

人體

解開的蛋白質

基礎資料

質子數	7
價電子數	5
原子量	14.00643～14.00728
熔點	-210.00
沸點	-195.795
密度	0.001251
豐度	
地殼	83ppm
太陽系	2.09×10^6
存在場所	空氣中、硝石（印度）、鈉硝石（智利）
價格	76元（每立方公尺）♣
發現者	拉塞福（Daniel Rutherford，蘇格蘭）
發現年	1772 年

小知識

元素名稱由來

來自希臘語的「硝石」(nitre)與「生成」(genes)。

發現時的故事

在大氣中燃燒碳化合物，並去除其中的二氧化碳時，氮作為剩餘的氣體分離出來。將其命名為「氮」的是法國察普塔（Jean-Antoine Chaptal，1756～1832）。

主要化合物

氨（NH_3）、硫酸銨、（$(NH_4)_2SO_4$）、硝酸鉀（KNO_3）、氯化銨（NH_4Cl），磷酸銨（$(NH_4)_3PO_4$）、二氧化氮（NO_2）、硝酸銀（$AgNO_3$）、亞硝酸銨（NH_4NO_2）、四氧化二氮（N_2O_4）、尿素（H_2NCONH_2）、甘胺酸（$C_2H_5NO_2$）、丙胺酸（$C_3H_7NO_2$）

主要同位素

^{14}N（99.578%～99.663%）
^{15}N（0.337%～0.422%）

胺基酸

胺基酸

胺基（$-NH_2$）

胺基（$-NH_2$）
含有氮。透過肽鍵與其他胺基酸的羧基結合。

氫

碳

肽鍵

肽鍵

羧基（$-COOH$）

側鏈

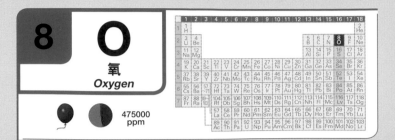

8 O

氧
Oxygen

475000 ppm

氧 和氫都是構成水分子的元素。氧在大氣中的含量，換算成體積大約是21%。物質之所以會燃燒，就是因為空氣中有氧。此外，金屬會生鏽也是氧造成的。舉例來說，鐵在乾燥的空氣中雖然不會與氧起反應，但如果環境潮濕就會生鏽發熱。暖暖包之所以會發熱，就是利用這個特性。

氧大量存在於我們周遭，但原始地球的大氣中，卻幾乎沒有氧。現在大氣中的氧，是行光合作用的生物，利用二氧化碳與水所製造出來的產物。

將植物的葉子放大來看，可以觀察到細胞中含有許多葉綠體（chloroplast）。光合作用的所有過程都在這當中進行。

光合作用產生的氧，透過氣孔釋放到大氣中，其中一部分上升到平流層（stratosphere），從氧分子生成臭氧（ozone）分子。臭氧分子能吸收太陽光灑落的有害紫外線，因此多數紫外線不會抵達地表。

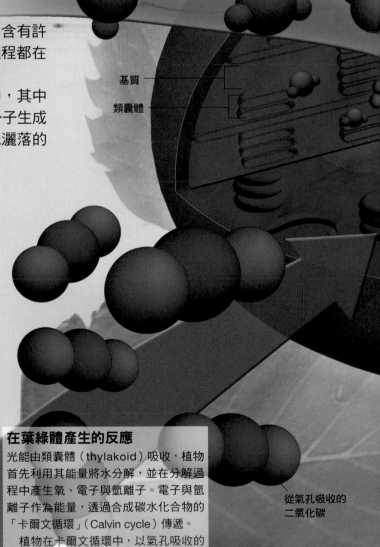

從根部吸收的水

葉綠體

基質

類囊體

從氣孔吸收的二氧化碳

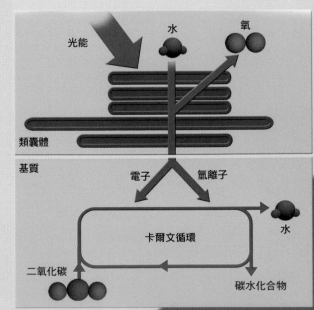

光能

水　　氧

類囊體

基質

電子　　氫離子

卡爾文循環

水

二氧化碳

碳水化合物

在葉綠體產生的反應

光能由類囊體（thylakoid）吸收，植物首先利用其能量將水分解，並在分解過程中產生氧、電子與氫離子。電子與氫離子作為能量，透過合成碳水化合物的「卡爾文循環」（Calvin cycle）傳遞。

植物在卡爾文循環中，以氣孔吸收的二氧化碳為原料，生成碳水化合物。

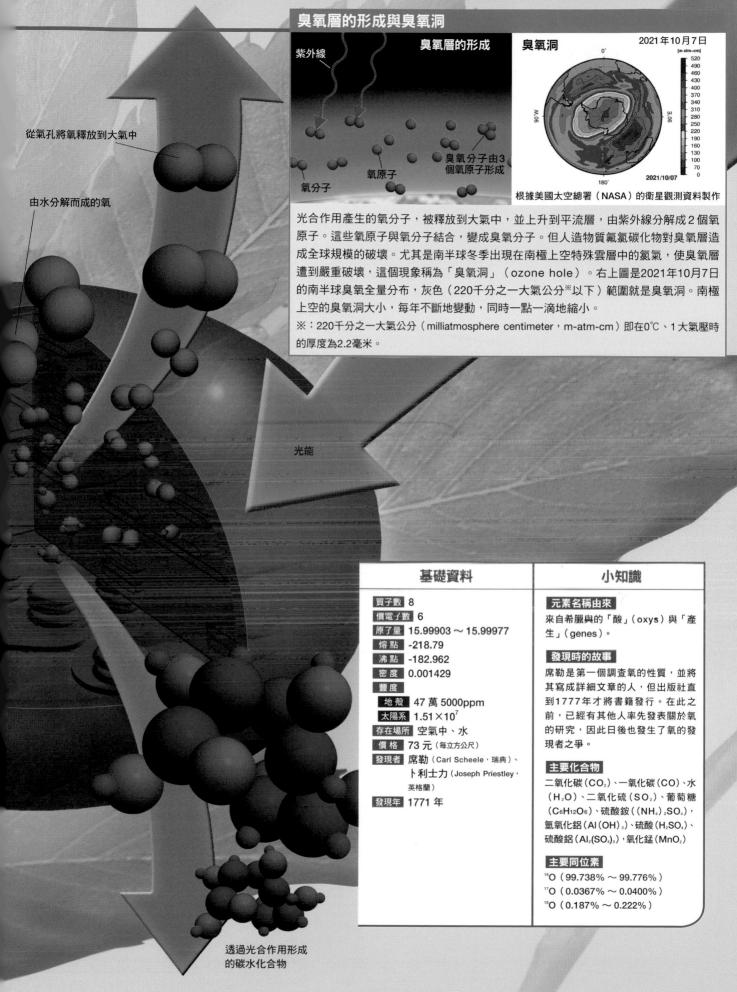

臭氧層的形成與臭氧洞

臭氧層的形成

紫外線

氧分子

氧原子

臭氧分子由3
個氧原子形成

臭氧洞

2021年10月7日

[m atm-cm]

520
490
460
430
400
370
340
310
280
250
220
190
160
130
100
70
0

2021/10/07

根據美國太空總署（NASA）的衛星觀測資料製作

光合作用產生的氧分子，被釋放到大氣中，並上升到平流層，由紫外線分解成2個氧原子。這些氧原子與氧分子結合，變成臭氧分子。但人造物質氟氯碳化物對臭氧層造成全球規模的破壞。尤其是南半球冬季出現在南極上空特殊雲層中的氯氣，使臭氧層遭到嚴重破壞，這個現象稱為「臭氧洞」（ozone hole）。右上圖是2021年10月7日的南半球臭氧全量分布，灰色（220千分之一大氣公分※以下）範圍就是臭氧洞。南極上空的臭氧洞大小，每年不斷地變動，同時一點一滴地縮小。

※：220千分之一大氣公分（milliatmosphere centimeter，m-atm-cm）即在0℃、1大氣壓時的厚度為2.2毫米。

從氣孔將氧釋放到大氣中

由水分解而成的氧

光能

透過光合作用形成
的碳水化合物

基礎資料

質子數 8
價電子數 6
原子量 15.99903 ～ 15.99977
熔 點 -218.79
沸 點 -182.962
密 度 0.001429
豐 度
　地 殼 47 萬 5000ppm
　太陽系 $1.51×10^7$
存在場所 空氣中、水
價 格 73 元（每立方公尺）
發現者 席勒（Carl Scheele，瑞典）、
　　　　卜利士力（Joseph Priestley，英格蘭）
發現年 1771 年

小知識

元素名稱由來

來自希臘與的「酸」（oxys）與「產生」（genes）。

發現時的故事

席勒是第一個調查氧的性質，並將其寫成詳細文章的人，但出版社直到1777年才將書籍發行。在此之前，已經有其他人率先發表關於氧的研究，因此此日後也發生了氧的發現者之爭。

主要化合物

二氧化碳（CO_2）、一氧化碳（CO）、水（H_2O）、二氧化硫（SO_2）、葡萄糖（$C_6H_{12}O_6$）、硫酸銨（$(NH_4)_2SO_4$），氫氧化鋁（$Al(OH)_3$）、硫酸（H_2SO_4）、硫酸鋁（$Al_2(SO_4)_3$），氧化錳（MnO_2）

主要同位素

^{16}O（99.738% ～ 99.776%）
^{17}O（0.0367% ～ 0.0400%）
^{18}O（0.187% ～ 0.222%）

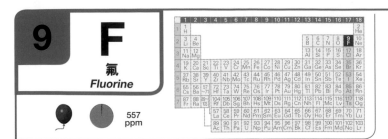

9 F
氟
Fluorine

557 ppm

基礎資料

質子數	9
價電子數	7
原子量	18.998403162 ±0.000000005
熔點	-219.67
沸點	-188.11
密度	0.001696
豐度	
地殼	557ppm
太陽系	8.13×10²
存在場所	螢石（墨西哥等）、冰晶石（主要產地為西格陵蘭的大型偉晶岩礦床）
價格	15 元（每公斤）◆ 螢石
發現者	莫瓦桑（法國）
發現年	1886 年

氟 的反應性高，除了氦與氖之外，與其他元素都會產生反應。日常生活中最為人所知的應用，就是塗上含氟樹脂（fluorine-containing resin）塗料的鍋子與平底鍋等。含氟樹脂塗料的特性是耐熱、能排斥油與水。

此外，氟能促進牙齒的再礦化（remineralization）。當口內因飲食而呈現酸性時，能抑制鈣從牙齒中溶出，具有預防蛀牙的效果。而有這個作用的氟，也被添加到牙膏中。

小知識

元素名稱由來
拉丁語的「螢石」（fluorite）。

發現時的故事
氟是反應性高的物質，試圖取得氟而失敗的人中，甚至有因為中毒而殞命者。第一個成功分離出氟的莫瓦桑，在1906年獲頒諾貝爾化學獎。

主要化合物
HF，AgF，Na_3AlF_6，CaF_2，H_2SiF_6

主要同位素
^{19}F（100%）

含氟的紫色螢石（fluorite）。

牙齒塗上一層氟，就不容易蛀牙。

內層經過含氟樹脂加工的平底鍋。

● 氣體　　🜕 非金屬：液體　　🜕 金屬：液體　　▢ 非金屬：固體　　▣ 金屬：固體　　● 地殼中所含的比例

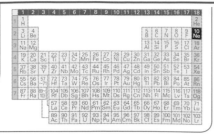

基礎資料

質子數 10
價電子數 0
原子量 20.1797
熔點 -248.59
沸點 -246.046
密度 0.0009002
豐度
地殼 ―
太陽系 2.63×10⁶
存在場所 空氣中
價格 ―
發現者 拉姆賽（William Ramsay，蘇格蘭）與
特拉弗斯（Morris Travers，英格蘭）
發現年 1898 年

氖 是惰性氣體的夥伴，對封入氖氣的玻璃管施加電壓，就會發出紅色光芒。霓虹燈就利用氖的這項特性，將夜晚的街道妝點得五光十色。

電子在霓虹燈的玻璃管中放電，使氖原子的電子變成激發態（excited state），當電子恢復原本狀態時，就會發出紅色光芒。

如果將氖與其他惰性氣體一起封入，也能發出多種顏色的光。

小知識

元素名稱由來
希臘語的「新」（neos）。

發現時的故事
透過液態空氣的分餾，分離出氖、氪、氙等氣體。這個發現更加確定了週期表的正確性。

主要化合物 ―

主要同位素
²⁰Ne（90.48%），²¹Ne（0.27%），²²Ne（9.25%）

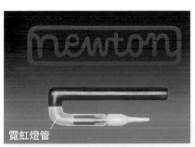

霓虹燈管

左圖為五光十色的霓虹燈。顏色會隨著封入的惰性氣體而改變，氦呈現黃色、氖呈現紅色、氬呈現紅色到藍色、氪呈現黃綠色、氙呈現藍色到綠色。

11 Na

鈉
Sodium

24259
ppm

鈉

鈉被使用於食鹽、肥皂、小蘇打粉、鮮味調味料、抑制胃酸的胃腸藥,以及設置於隧道內或高速公路上,綻放黃色光芒的「鈉燈」(sodium lamp)等。

鈉 雖然是鹼金屬,但由於反應性高,因此很少作為金屬使用。

日常生活中最常見的鈉,就是氯化鈉(食鹽)。氯化鈉在體內以鈉離子及氯離子的形式存在,以維持體液與細胞滲透壓的穩定,調節神經與肌肉的作用。同時也能幫助消化,對人體而言是一種不可缺少的無機物。

接著詳細來看,當我們看見或摸到什麼時所產生的刺激,以電訊號(electric signal)的形式從感覺器官傳遞到神經細胞時,鈉在這當中所扮演的角色。

仔細看神經細胞的軸突(axon),表面有名為「鈉離子通道」(sodium channel)的「門」。當這道門開啟後,帶正電的鈉離子便進入神經細胞中,在這個部分產生電流。旁邊的鈉離子通道接收到電流也將門開啟,使鈉離子進入並產生電流。電訊號就像這樣,透過細長的軸突傳遞到下一個神經細胞。

食鹽

細胞體

軸突

樹突

插圖中顯示電訊號透過神經元的軸突傳遞的機制。在此圖中,電訊號由左往右傳遞。

綻放黃光的鈉燈
到目前為止,隧道內部與高速公路等使用的黃光照明都是鈉燈。這種照明之所以會發出黃色光芒,是因為鈉的焰色反應。鈉燈具有耗電量低、壽命長的優點。

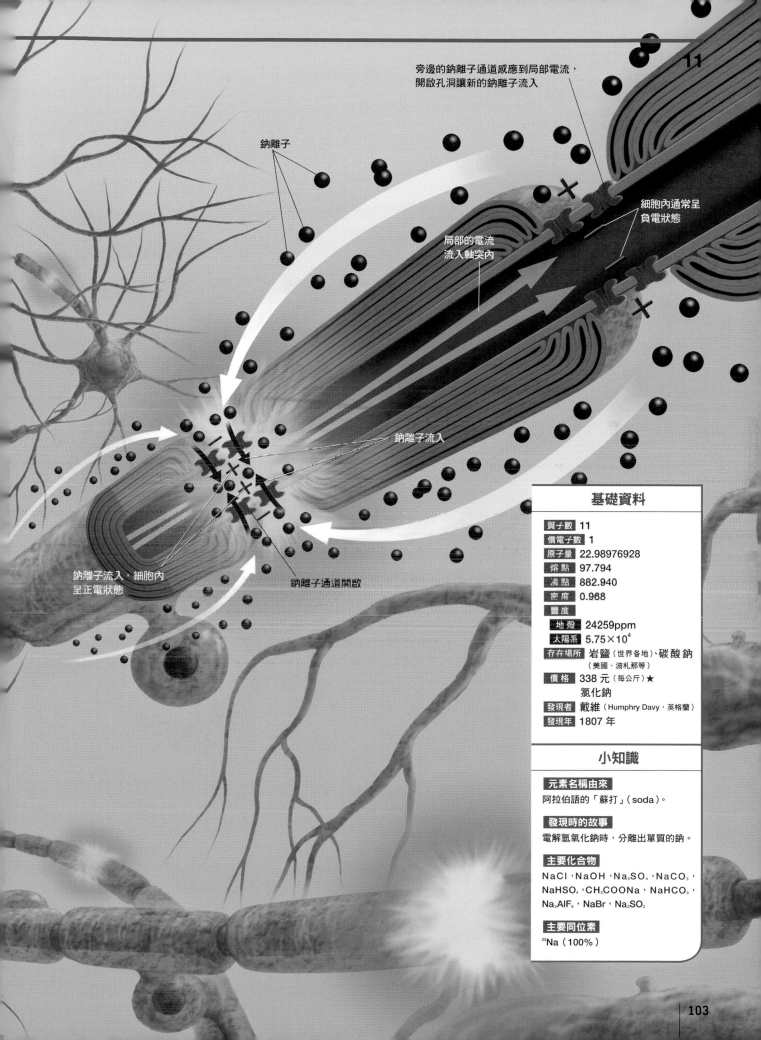

旁邊的鈉離子通道感應到局部電流，
開啟孔洞讓新的鈉離子流入

鈉離子

細胞內通常呈
負電狀態

局部的電流
流入軸突內

鈉離子流入

鈉離子流入，細胞內
呈正電狀態

鈉離子通道開啟

基礎資料

質子數	11
價電子數	1
原子量	22.98976928
熔點	97.794
沸點	882.940
密度	0.968
豐度	
地殼	24259ppm
太陽系	5.75×10^4
存在場所	岩鹽（世界各地）、碳酸鈉（美國、波札那等）
價格	338 元（每公斤）★ 氯化鈉
發現者	戴維（Humphry Davy，英格蘭）
發現年	1807 年

小知識

元素名稱由來

阿拉伯語的「蘇打」（soda）。

發現時的故事

電解氫氧化鈉時，分離出單質的鈉。

主要化合物

$NaCl$，$NaOH$，Na_2SO_4，$NaCO_3$，
$NaHSO_4$，CH_3COONa，$NaHCO_3$，
Na_3AlF_6，$NaBr$，Na_2SO_3

主要同位素

^{23}Na（100%）

徹底介紹118種元素

15000 ppm

12	**Mg**
	鎂
	Magnesium

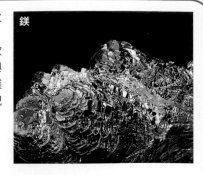

鎂被使用於煙火的火藥、苦滷（bittern）、抑制胃酸的胃腸藥、軟便劑、合金等。鎂與鋅、鋁製成的合金（鎂合金），則使用於筆記型電腦的主體。

鎂

鎂 是第3輕的金屬，只比鋰、鈉重，比鋁輕。鎂合金輕量、牢固，因此用來當筆記型電腦等的機殼。不過，鎂合金非常容易生鏽，用於筆記型電腦等的時候，表面需要鍍膜。

此外，鎂在植物行光合作用時，也扮演了重要的角色。植物葉綠體中的「葉綠素」（chlorophyll），結構以鎂為中心，能將光轉換成電子，這種電子被使用於合成有機物。

使用鎂合金作為外殼的筆記型電腦

基礎資料

質子數	12
價電子數	2
原子量	24.304 ～ 24.307
熔點	650
沸點	1090
密度	1.738

豐度

地 殼	15000ppm
太陽系	1.05×10^6

存在場所
白雲石（世界各地）、菱鎂礦（中國、俄羅斯、北韓等）

價 格	117 元（每公斤）◆
	純鎂

發現者 布萊克
（Joseph Black，蘇格蘭）

發現年 1755 年

小知識

元素名稱由來
希臘馬格尼西亞地區（Magnesia）的鎂氧礦（magnesia）。

發現時的故事
最早是布萊克認知到鎂是元素。而戴維則在1808年將這種金屬分離出來，命名為「鎂」。

主要化合物
$MgCl_2$，$MgSO_4$，$Mg_3(PO_4)_2$，$MgCl(OH)$，MgO

主要同位素
^{24}Mg（78.88% ～ 79.05%），
^{25}Mg（9.988% ～ 10.034%），
^{26}Mg（10.96% ～ 11.09%）

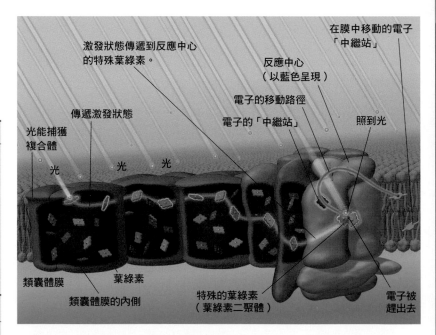

激發狀態傳遞到反應中心的特殊葉綠素。

在膜中移動的電子「中繼站」

反應中心（以藍色呈現）

電子的移動路徑

傳遞激發狀態

電子的「中繼站」

照到光

光能捕獲複合體

光　光　光

類囊體膜

類囊體膜的內側

葉綠素

特殊的葉綠素（葉綠素二聚體）

電子被趕出去

上圖所示為葉綠素在植物葉綠體的類囊體中運作的狀況。鎂就存在於葉綠素的中心。

藉由光能捕獲複合體（light-harvesting complex），接收到光的葉綠素會進入激發態，並將這種狀態傳遞給其他葉綠素。最後激發狀態傳遞到反應中心的特殊葉綠素。當特殊葉綠素從激發狀態恢復到原本狀態時，會釋放出 1 個電子。這個葉綠素在直接接收到光時，也會發生相同的反應。這麼一來，光就被「轉換」成了電子。這些轉換而成的電子通過電子「中繼站」，用來合成有機物。

● 氣體　　◆ 非金屬：液體　　◆ 金屬：液體　　◆ 非金屬：固體　　◆ 金屬：固體　　● 地殼中所含的比例

13 Al 鋁
Aluminium

81505 ppm

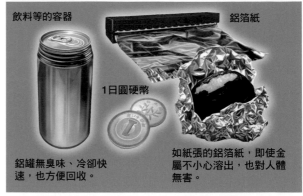

飲料等的容器　　　　　　鋁箔紙

1日圓硬幣

鋁罐無臭味、冷卻快速，也方便回收。

如紙張的鋁箔紙，即使金屬不小心溶出，也對人體無害。

鋁的各種使用方法。鋁現在已經成為大量生產的金屬，使用於飲料罐與鋁箔紙等，是我們日常生活中常用的物質材料。

鋁 在地殼中的含量豐富，僅次於氧與矽，是含量最多的金屬元素。金屬鋁在19世紀中旬首度被使用於工業生產，在當時是非常貴重的金屬。現在則被大量生產，由於具有輕量、不易腐蝕等特性，被應用於我們日常生活中的許多地方。金屬鋁是銀白色的輕金屬，空氣中的鋁表面覆蓋著一層薄薄的氧化保護膜，使氧不會進入內部，因此不易腐蝕。

　　鋁不只被應用於工業領域，同時也被使用於抗潰瘍藥物，在醫療領域也能發揮作用。

以乾燥氫氧化鋁凝膠為主成分的藥劑，用於治療胃潰瘍、十二指腸潰瘍、胃炎，以及預防尿道結石等。

鋁的特性

1. 輕巧	鋁的比重為2.7，約只有鐵的3分之1。汽車與飛機中都使用了鋁合金（杜拉鋁，duralumin）。
2. 強韌	純鋁的抗張強度雖然不高，但只要添加鎂、錳或銅，就能增加強度。
3. 不易腐蝕	鋁在空氣中生成緻密穩定的氧化膜，因此能防止腐蝕。
4. 容易加工	鋁容易加工成各種形狀，有些就像鋁箔紙一樣薄如紙張。
5. 導電性佳	輸電線99%是鋁。雖然導電性不是非常高，但因為比重小，在同樣重量之下也能通過好幾倍的電流。
6. 不具磁性	鋁不具磁性，不會受到磁場影響。主要產品有拋物面天線、船的磁羅盤、電子醫療儀器等。
7. 導熱性佳	鋁的熱傳導率是鐵的約3倍。這項性質與急速冷卻有關，因此使用於空調設備與引擎零件。
8. 耐低溫	鋁即使在液態氮的極低溫度（-196℃）下，也不容易被破壞。這項特性在太空開發等最尖端領域也受到矚目。
9. 反射光與熱	仔細拋光的鋁，能良好地反射紅外線、紫外線與電磁波，因此使用於暖氣機的反射板、照明器具與太空衣等。
10. 不具毒性	鋁無毒無臭，不像重金屬那樣會危害人體或污染土壤，因此使用於食品及醫藥品的包裝。

參考資料：日本鋁業協會（Japan Aluminium Association）

基礎資料

質子數	13
價電子數	3
原子量	26.9815384
熔點	660.323
沸點	2519
密度	2.70

豐度
地殼 81505ppm
太陽系 8.32×10^4

存在場所 鋁礬土（幾內亞等）
價格 61 元（每公克）◆ 鋁金屬
發現者 厄斯特（Hans Ørsted，丹麥）
發現年 1825 年

小知識

元素名稱由來
古希臘羅馬的明礬古名「alumen」。

發現時的故事
1807年，戴維將從明礬中得到的金屬氧化物命名為「鋁」。厄斯特在1825年分離出純金屬。

主要化合物
$Al(OH)_3$，$Al_2(SO_4)_3$，
$AlCl_3$，$AlPO_4$，Al_2O_3，

$AlK(SO_4)_2 \cdot 12H_2O$，
Na_3AlF_6，$Na[Al(OH)_4]$

主要同位素
^{27}Al（100%）

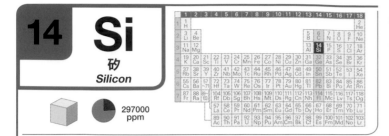

14 **Si**
矽
Silicon

297000
ppm

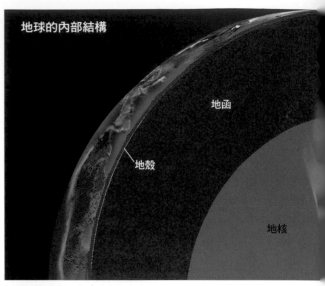

地球的內部結構

地函

地殼

地核

矽 最具代表性的用途就是半導體，這是一種隨著
條件改變導電性的物質。矽的導電性會隨著光
的有無、溫度高低及雜質含量而大幅改變。尤其是溫
度，具有溫度愈高愈容易導電的性質。

利用半導體性質所開發出來的大型積體電路
（large-scale integration，LSI），現在被搭載於以
電腦為首的各種電子產品。矽是支撐現代電子文明的
元素。

此外，矽也是太陽能電池的主要材料，而太陽能電
池正是現在受到矚目的全新能源供給裝置。

大量存在於地殼中的矽

地球內部由外到內，大致可分成地殼、地函與地核這3個部分。
其中，地函占了地球體積的80%，而如薄皮般緊貼表面的地殼，
則含有大量的矽。

矽在地殼中的含量比例僅次於氧，占了地殼重量的近30%。存
在於地殼中的元素高達8成是矽與氧，也有很多礦物以其化合物
為主成分。

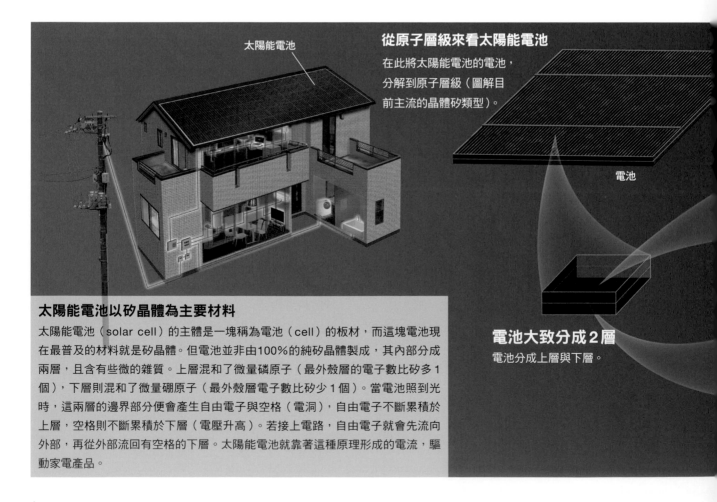

太陽能電池

從原子層級來看太陽能電池

在此將太陽能電池的電池，
分解到原子層級（圖解目
前主流的晶體矽類型）。

電池

太陽能電池以矽晶體為主要材料

太陽能電池（solar cell）的主體是一塊稱為電池（cell）的板材，而這塊電池現
在最普及的材料就是矽晶體。但電池並非由100%的純矽晶體製成，其內部分成
兩層，且含有些微的雜質。上層混和了微量磷原子（最外殼層的電子數比矽多1
個），下層則混和了微量硼原子（最外殼層電子數比矽少1個）。當電池照到光
時，這兩層的邊界部分便會產生自由電子與空格（電洞），自由電子不斷累積於
上層，空格則不斷累積於下層（電壓升高）。若接上電路，自由電子就會先流向
外部，再從外部流回有空格的下層。太陽能電池就靠著這種原理形成的電流，驅
動家電產品。

電池大致分成2層

電池分成上層與下層。

LSI

大型積體電路（LSI）

重疊好幾層的矽層。每一個微小的電路，都能控制電流的流動。透過這種「開關」的控制，就能進行複雜的計算。

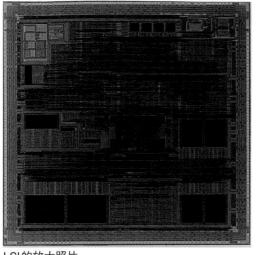

LSI的放大照片

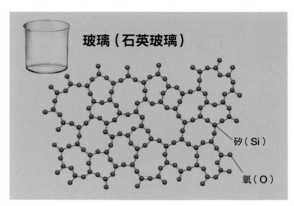

玻璃（石英玻璃）

矽（Si）

氧（O）

窗戶玻璃與餐具等一般使用的玻璃，主要由氧原子與矽原子形成。與晶體不同，玻璃的這些原子呈不規則排列，因此玻璃具有加熱後會逐漸變軟的性質。

主要使用的矽包含3種型態

·由天然存在的礦物（矽酸鹽礦物）加工而成的製品
陶瓷、玻璃、水泥、矽膠（乾燥劑）

·使用矽單質的製品
半導體、太陽能電池

·經過化學處理，與碳結合而成的製品（有機矽化合物）
油狀物質、膠狀物質、樹脂狀物質（聚矽氧）、臘、熱介質、消泡劑、脫模劑、耐溶劑軟管、人工血管、隱形眼鏡、電的絕緣體

電子多出來的「上層」

上層混和了最外殼層比矽多1個電子的磷原子。這個多餘的電子在矽晶體中無處安身，因此變成自由移動的電子（自由電子）。此處將自由電子畫成紅色的球。

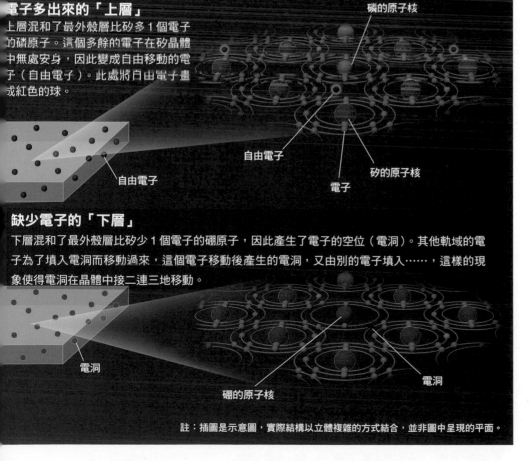

磷的原子核

自由電子

自由電子

電子

矽的原子核

缺少電子的「下層」

下層混和了最外殼層比矽少1個電子的硼原子，因此產生了電子的空位（電洞）。其他軌域的電子為了填入電洞而移動過來，這個電子移動後產生的電洞，又由別的電子填入……，這樣的現象使得電洞在晶體中接二連三地移動。

電洞

電洞

硼的原子核

電洞

註：插圖是示意圖，實際結構以立體複雜的方式結合，並非圖中呈現的平面。

基礎資料

質子數 14

價電子數 4

原子量 28.084 ～ 28.086

熔點 1414

沸點 3265

密度 2.3290

豐度

地殼 29 萬 7000ppm

太陽系 1.00×10⁶

存在場所 石英等
（存在於許多岩石中）

價格 42 元（每公斤）◆
二氧化矽

發現者 貝吉里斯
（Jöns Berzelius，瑞典）

發現年 1824 年

小知識

元素名稱由來
英語名稱來自拉丁語的「打火石」（silicis或silex）。

發現時的故事
在四氟化矽中添加金屬鈣，成功將氟排除。

主要化合物
石英（SiO_2）、碳化矽（SiC）、氟矽酸（H_2SiF_6）、矽酸鈉（Na_2SiO_3）

主要同位素
^{28}Si（92.191% ～ 92.318%），
^{29}Si（4.645% ～ 4.699%），
^{30}Si（3.037% ～ 3.110%）

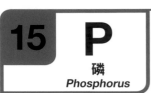

15 P 磷 *Phosphorus*

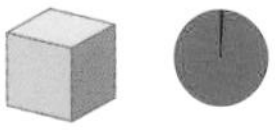
654.6 ppm

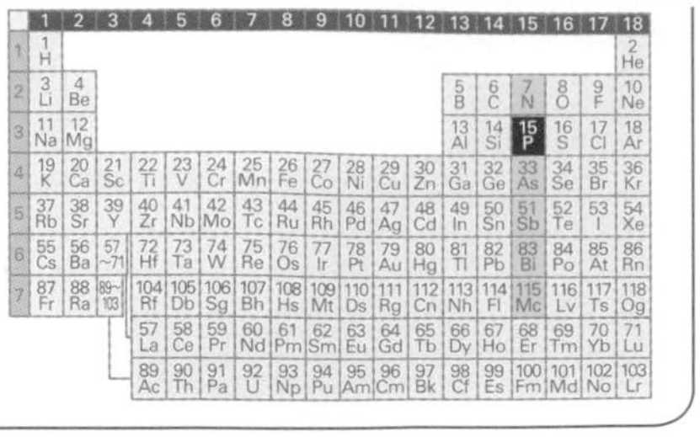

磷是構成生物體內各種化合物的元素，對於生物而言不可或缺。磷酸鈣形成骨骼與牙齒，而製造DNA等遺傳物質也少不了磷。

此外，作為能量來源，在生物體內發揮作用的ATP（adenosine triphosphate，腺苷三磷酸）也是磷酸化合物，我們的肌肉就透過使用ATP的能量活動。

除此之外，磷在日常生活中也作為火柴的引火介質，以及農作物的肥料使用。

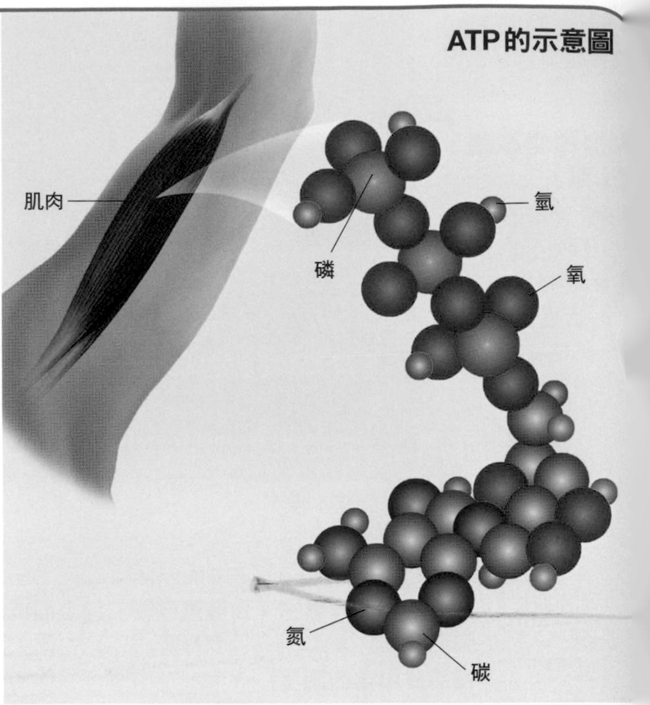

磷酸從ATP末端分離時釋放的能量，被廣泛應用於生命活動。

基礎資料

質子數 15
價電子數 5
原子量 30.973761998
熔點 44.15
沸點 277
密度 1.823（白磷）
豐度
地殼 654.6ppm
太陽系 8.32×10^3
存在場所 磷灰石等（摩洛哥等）
價格 11元 ◆
發現者 布朗特（Henning Brand，德國）
發現年 1669 年

小知識

元素名稱由來
來自希臘語的「光」（phos）與「搬運」（phoros）。

發現時的故事
分析人尿時抽取出來。從人體內發現元素極為罕見。

主要化合物
$(NH_4)_3PO_4$，$Mg_3(PO_4)_2$，$AlPO_4$，H_3PO_4，P_4O_{10}，$Ca_3(PO_4)_2$，P_2O_5

主要同位素
^{31}P（100%）

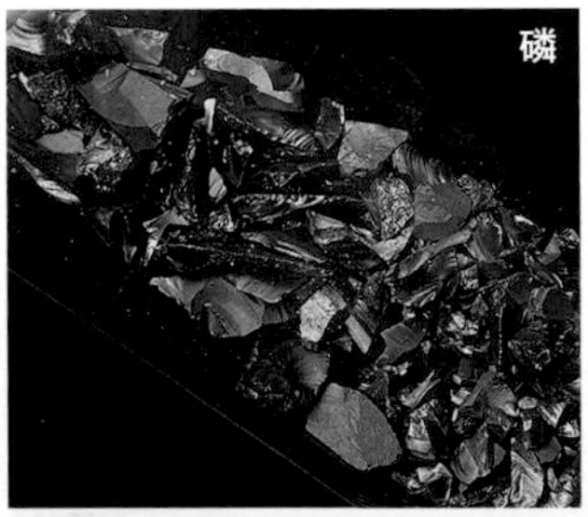

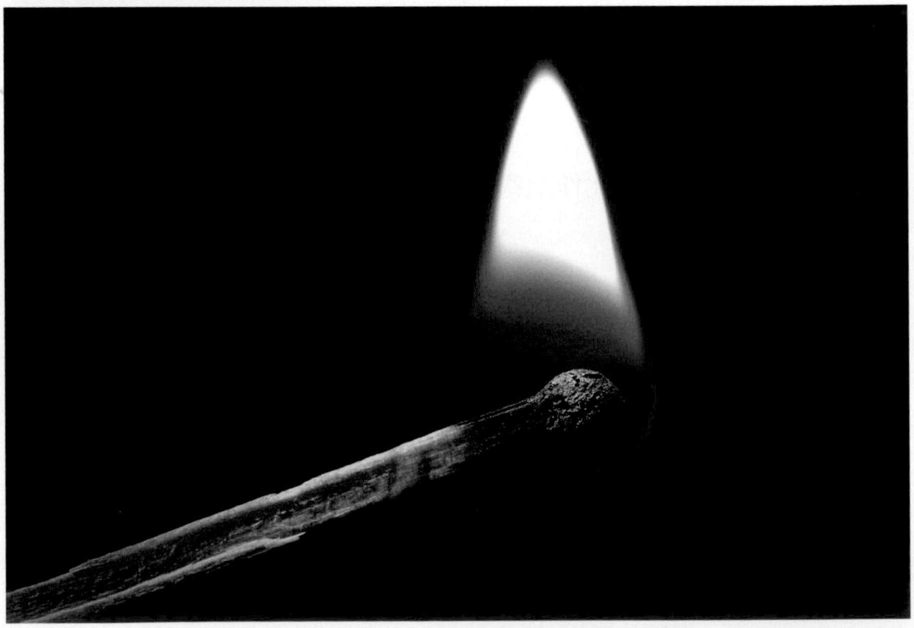

磷被使用於火柴的引火介質（火柴盒側邊的磷皮）

● 氣體　非金屬：液體　金屬：液體　非金屬：固體　金屬：固體　地殼中所含的比例

16 S
硫
Sulfur

621 ppm

硫

橡膠輪胎使用與碳混合的硫。

硫 具有賦予橡膠彈力的效果。硫與賦予橡膠強度的碳混合在一起，所製造出來的產物就是橡膠輪胎。路上行駛的汽車輪胎中，也含有數%的硫。硫也作為火柴、火藥、醫藥品的原料使用。人體必需胺基酸中的半胱胺酸（cysteine）與甲硫胺酸（methionine）也都含有硫。

基礎資料

質子數	16
價電子數	6
原子量	32.059～32.076
熔點	95.3（α），115.21（β）
沸點	444.6（α，β）
密度	2.07（α），1.96（β）

豐度	
地殼	621ppm
太陽系	4.37×10⁵
存在場所	石膏等（石膏是最普遍產出的硫酸鹽礦物）
價格	3 元（每公克）★
發現者	—	發現年	—

小知識

元素名稱由來
拉丁語的「硫」（sulpur）源自梵語的「火種」（sulvere）。

發現時的故事
硫作為天然晶體產出，因此自古以來就知道硫的存在。拉瓦節指出硫屬於元素。

主要化合物
H_2S，SO_2，$(NH_4)_2SO_4$，H_2SO_4，$Al_2(SO_4)_3$，Na_2SO_4，$MgSO_4$，$CuSO_4$，$AlK(SO_4)_2$，H_2SO_3

主要同位素
^{32}S（94.41%～95.29%），^{33}S（0.729%～0.797%），^{34}S（3.96%～4.77%），^{36}S（0.0129%～0.0187%）

---

17 Cl
氯
Chlorine

294 ppm

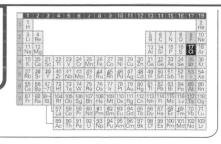
漂白劑　食品保鮮膜

氯 最常見的例子是氯化鈉（食鹽）。氯具有強大的氧化力與殺菌力，因此作為衣物與餐具的漂白劑、飲水與游泳池的消毒劑使用。

除此之外，氯的化合物也被使用於食品保鮮膜（聚二氯亞乙烯，polyvinylidene chloride，PVDC），以及聚氯乙烯（polyvinyl chloride，PVC）等許許多多的領域。

基礎資料

質子數	17
價電子數	7
原子量	35.446～35.457
熔點	-101.5
沸點	-34.04
密度	0.0032

豐度	
地殼	294ppm
太陽系	5.25×10³
存在場所	岩鹽等（岩鹽在全世界都有產出）
價格	18元（每公克氯酸鉀）★ 過氯酸
發現者	席勒（瑞典）
發現年	1774 年

小知識

元素名稱由來
來自希臘語的「黃綠色」（chloros）。

發現時的故事
將鹽酸加入二氧化錳中發現。當初以為是化合物。

主要化合物
HCl，$NaCl$，$MnCl_2$，$BaCl_2$，NH_4Cl，$MgCl_2$，$AlCl_3$，CCl_4，KCl，$CaCl(OH)$

主要同位素
^{35}Cl（75.5%～76.1%），^{37}Cl（23.9%～24.5%）

18 Ar
氬
Argon

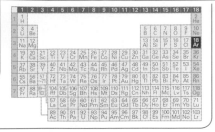

氬被使用於螢光燈、鑄造金屬與焊接金屬時防止氧化的氣體,以及雷射等。左側照片是氬產生的雷射光。

氬 是比空氣重1.4倍,無色、無味、無臭的單原子氣體。在空氣中的存在量,遠多於同屬惰性氣體的氦與氖。

　氬在生活中最普遍的使用範例就是螢光燈。螢光燈中填充了汞蒸氣與非活性氣體氬。電極放電時,電子飛出並與汞原子碰撞,此時產生的紫外線照射到塗在玻璃管內側的螢光體,發出白色的可見光。若封入玻璃管中的不是非活性氣體,會產生大量電流,但由於封入的是氬,能使放電保持固定。

　氬也被當成鑄造金屬時防止氧化的氣體使用。

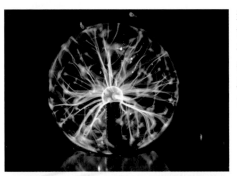

封入氖氣與氬氣(有時也含有氦)的電漿球。電子從氣體原子中飛出的狀態,稱為「電漿」(plasma)。因施加高電壓,使氣體電漿化而綻放出紫色的光。

基礎資料

質子數	18
價電子數	0
原子量	39.792 ～ 39.963
熔點	-189.34
沸點	-185.848
密度	0.001784
豐度	
地殼	—
太陽系	$7.76×10^4$
存在場所	空氣中
價格	224 元(每立方公尺)♣
發現者	瑞立男爵(Lord Rayleigh,英格蘭)
發現年	1894 年

小知識

元素名稱由來
希臘語的「懶人」(argos)。

發現時的故事
英國科學家瑞立男爵在 1892 年發表論文,指出氬的存在。讀到這篇論文的拉姆賽加入研究,成功從大氣中分離出新的氣體,並命名為「氬」。

主要化合物 —

主要同位素
^{36}Ar(0.3336%),^{38}Ar(0.0629%),^{40}Ar(99.6035%)

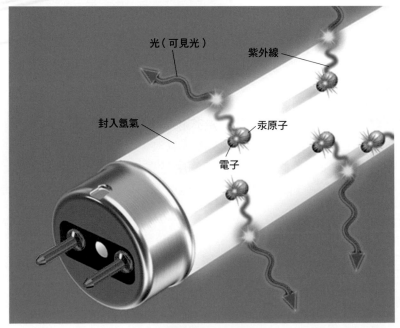

光(可見光)　　　　紫外線

封入氬氣　　　　汞原子

電子

螢光燈因含有氬氣,所以能使放電維持固定。

● 氣體　　● 非金屬:液體　　● 金屬:液體　　▨ 非金屬:固體　　▨ 金屬:固體　　● 地殼中所含的比例

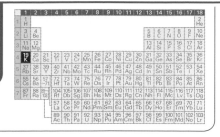

鉀被應用於農作物的肥料、肥皂、點燃安全火柴的氧化劑（火柴棒前端）、煙火、消毒劑與生理食鹽水等。

鉀

鉀

鉀 是屬於鹼金屬的金屬元素。金屬鉀在空氣中會自然起火，因此必須浸泡在石油等液體中保存。

鉀和氮、磷一樣，在植物體內的含量很高，因此植物用肥料經常含有這3種元素的化合物。

此外，對植物來說，氣孔是氧與二氧化碳進出的重要器官，而鉀對於氣孔的開闔相當重要。植物透過將鉀離子攝取到氣孔的細胞內，細胞內外的離子濃度產生差異後，使氣孔開闔。

除此之外，鉀的化合物也被使用於火柴、煙火與消毒劑等製品。再者，利用鉀的放射性同位素鉀40衰變成氬40的反應，也可以進行岩石的年代測定。

基礎資料

質子數	19
慣電子數	1
原子量	39.0983
熔點	63.5
沸點	759
密度	0.862
豐度	
地殼	23244ppm
太陽系	$3.72×10^3$
存在場所	鉀鹽、光鹵石（加拿大、俄羅斯等）
價格	10元（每公斤）◆ 氯化鉀
發現者	戴維（英格蘭）
發現年	1807 年

小知識

元素名稱由來
阿拉伯語的「鹼」（qali）。

發現時的故事
電解氫氧化鉀時分離出來。

主要化合物
KNO_3，KCl，KBr，KI，$AlK(SO_4)_2$，$KMnO_4$，$K_2Cr_2O_7$，K_2SO_4，$K_3[Fe(CN)_6]$，K_3PO_4

主要同位素
^{39}K（93.2581％），^{40}K（0.0117％），^{41}K（6.7302％）

植物需要含鉀的肥料。

20 Ca
鈣
Calcium

25657
ppm

鈣

大理石與石灰石的主成分碳酸鈣，以及形成脊椎動物骨骼的「密質骨」（compact bone）主成分磷酸鈣，都是鈣的化合物。

鈣除了形成骨骼之外，也是肌肉收縮時所必需的成分。此外，蝕骨細胞（osteoclast）從骨質中溶出鈣並釋放到血液中，成為幫助激素（hormone）作用的鈣質來源。據說缺鈣會使人焦慮，因此也有不少健康食品中含有鈣。

除此之外，鈣也用在石膏與水泥中。又或在鎂合金中添加鈣可提高其耐熱性。

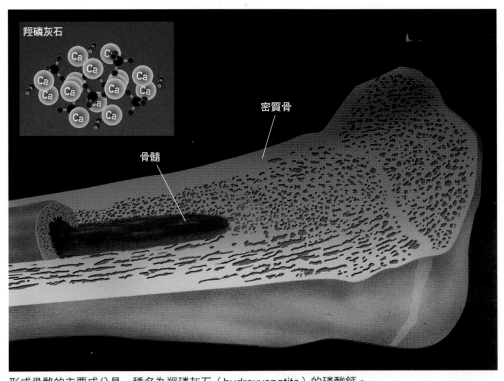

羥磷灰石

密質骨

骨髓

形成骨骼的主要成分是一種名為羥磷灰石（hydroxyapatite）的磷酸鈣。

都市中隨處可見的混凝土，其成分水泥就含有碳酸鈣。

基礎資料		小知識	
質子數 20	**豐度**	**元素名稱由來**	**主要化合物**
價電子數 2	**地殼** 25657ppm	拉丁語的「石灰」（calx）。	Ca（OH）$_2$，CaCl（OH），CaF$_2$，
原子量 40.078	**太陽系** $6.03×10^4$		CaSO$_4$，Ca$_3$（PO$_4$）$_2$，CaCO$_3$，CaO，
熔點 842	**存在場所** 石灰、方解石（以石灰岩形式存在於世界各地）	**發現時的故事**	CaC$_2$，CH$_3$（CH$_2$）$_{16}$COOCa
沸點 1484	**價格** 61元（每公克）★	戴維分解石灰，從中發現了鈣。為「鈣」命名的也是戴維。	**主要同位素**
密度 1.55	**發現者** 戴維（英格蘭）		^{40}Ca（96.941%），^{42}Ca（0.647%），
	發現年 1808 年		^{43}Ca（0.135%），^{44}Ca（2.086%），
			^{46}Ca（0.004%），^{48}Ca（0.187%）

 氣體　 非金屬：液體　　金屬：液體　　非金屬：固體　　金屬：固體　　地殼中所含的比例

21 Sc

鈧
Scandium

14 ppm

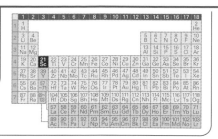

雖然鈧的化學性質與鋁類似，且熔點比鋁高，但因為存在量稀少、價格高昂，並未積極開發其用途。

使用鈧的燈具能綻放接近太陽光的光芒，因此通常使用於棒球場等的夜間照明。

鈧燈的效率、壽命、光色等特性，取決於裡面封入的金屬組合，因此已根據用途及目的開發出多種燈具。

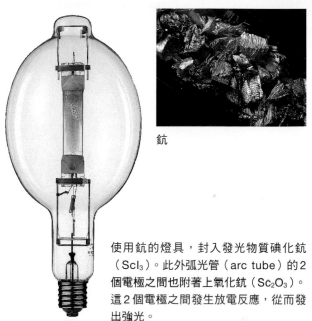

鈧

使用鈧的燈具，封入發光物質碘化鈧（ScI_3）。此外弧光管（arc tube）的2個電極之間也附著上氧化鈧（Sc_2O_3）。這2個電極之間發生放電反應，從而發出強光。

由於使用鈧的燈具能綻放出近似太陽光的光芒，因此過去經常設置於棒球場或足球場等運動場地，但近年也有許多場地基於電費等考量而改用LED燈。

基礎資料

質子數	21
價電子數	—
原子量	44.955907 ± 0.000004
熔點	1541　沸點 2836
密度	2.985
豐度	
地殼	14ppm
太陽系	34.7

存在場所	鈧釔石
	（挪威、俄羅斯等）
價格	38578元（每公克粉末）★
發現者	尼爾森
	（Lars Fredrik Nilson，瑞典）
發現年	1879 年

小知識

元素名稱由來

拉丁語的「瑞典」（scandia）。

發現時的故事

尼爾森從加多林石（矽鈹釔礦）中發現，並將其命名為「scandia」。克利夫（Per Teodor Cleve，瑞典）發現這個元素就是門得列夫預言的未知元素。

主要化合物

Sc_2O_3，$Sc(OH)_3$，$ScCl_3$

主要同位素

^{45}Sc（100％）

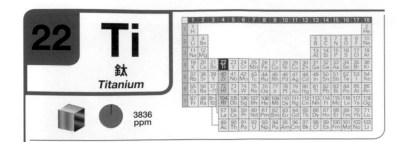

22	**Ti** 鈦 *Titanium*	3836 ppm

鈦 具有強度高、輕巧、不易生鏽等優異的特性，經常用來製作飾品與眼鏡框。除此之外，鈦還被使用於高爾夫球桿等許多不同的場合。鈦合金容易加工且不易腐蝕，在現代發揮的作用已經不遜於鋁。

此外，使用鈦製成的化合物「二氧化鈦」（TiO_2），也作為「光觸媒」被大眾廣泛使用。光觸媒具有利用光能加速化學反應的性質，在日常生活中經常被使用於廁所或房子外牆。

當二氧化鈦照射到光（紫外線）能發揮2種效果，分別是照射到光就能分解污垢等的「光觸媒效果」，以及不易撥水的「親水性」（hydrophilic）。因為有這些功能，若將其使用於廁所地板，就能分解髒污，不易產生臭味。

基礎資料

質子數	22
價電子數	—
原子量	47.867
熔點	1668
沸點	3287
密度	4.506
豐度	
地殼	3836ppm
太陽系	$2.51×10^3$
存在場所	金紅石、鈦鐵礦（印度等）
價格	1110元（每公斤）◆ 塊狀或粉末狀
發現者	格雷戈爾（William Gregor，英格蘭）、克拉普羅特（Martin Klaproth，德國）
發現年	1791 年

小知識

元素名稱由來
來自希臘神話登場的巨人「泰坦」（Titan）。

發現時的故事
擔任牧師的格雷戈爾，調查從河砂中收集到的黑色物質，結果發現了未知元素。「鈦」由克拉普羅特所命名。

主要化合物
TiO_2，$TiCl_4$，Ti_2O_3，ThO

主要同位素
^{46}Ti（8.25%），^{47}Ti（7.44%），^{48}Ti（73.72%），^{49}Ti（5.41%），^{50}Ti（5.18%）

使用鈦製成的眼鏡框與高爾夫球桿。

● 氣體　　● 非金屬：液體　　● 金屬：液體　　▢ 非金屬：固體　　▢ 金屬：固體　　● 地殼中所含的比例

鈦

鈦被用來製造眼鏡框、高爾夫球桿。至於「二氧化鈦」因具備分解髒污的「光觸媒」效果，因此被使用於房子外牆及地板。

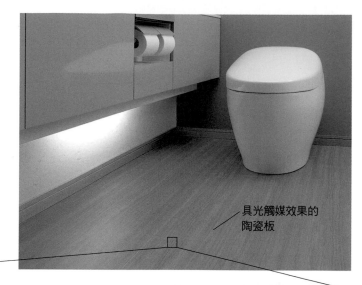

具光觸媒效果的陶瓷板

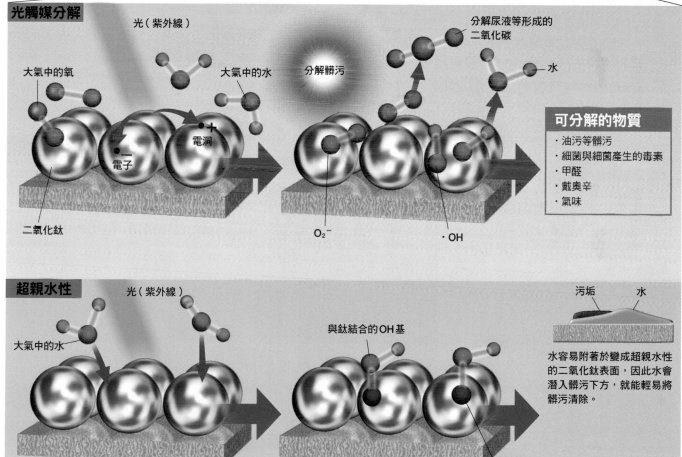

光觸媒分解

光（紫外線）

大氣中的氧

大氣中的水

分解髒污

分解尿液等形成的二氧化碳

水

電洞 +

電子 −

二氧化鈦

O_2^-

·OH

可分解的物質

· 油污等髒污
· 細菌與細菌產生的毒素
· 甲醛
· 戴奧辛
· 氣味

超親水性

光（紫外線）

大氣中的水

與鈦結合的OH基

污垢　水

水容易附著於變成超親水性的二氧化鈦表面，因此水會潛入髒污下方，就能輕易將髒污清除。

鈦原子

二氧化鈦（TiO_2）照射到光（紫外線）時，表面會飛出電子（−），同時產生具備強氧化力的電洞（＋）。電子與電洞分別與空氣中的氧（O_2）及水（H_2O）發生反應，在二氧化鈦表面生成O_2^-與·OH（氫氧自由基，hydroxyl radical）。這些成分都具有很強的分解力，因此能將附著於表面的髒污分解。有機物的髒污分解後，最終將生成二氧化碳與水。

另一方面，構成二氧化鈦的氧原子會吸引空氣中的水（H_2O），水失去氫原子後，在二氧化鈦表面產生易與水親近的OH基（親水基，hydrophilic group）。因此水比髒污更容易附著於二氧化鈦表面，具有使髒污浮起來的效果。

23 V
釩
Vanadium

97 ppm

釩

釩被用於管線的緩蝕劑、製造尼龍時的催化劑、合金等。至於釩與鈦的合金輕巧堅硬、不易變形，因此被用於飛機的材料。

以具有毒性而聞名的毒蠅傘，體內含有釩的化合物。

釩 是堅硬，且耐蝕性、耐熱性優異的元素，單質被用於化學工廠的管線等。添加釩的鋼鐵用於核反應爐、渦輪引擎的渦輪等高溫環境。

除此之外，釩也被使用於鑽頭、扳手等工具。再者，使用釩的可充電電池（二次電池），發電效率佳，對環境友善。

而近期的研究也發現釩具有降低血糖的效果。此外，現在也已知部分海鞘與毒蠅傘（*Amanita muscaria*）等生物體內含有濃縮的釩。

毒蠅傘

基礎資料

質子數	23　　價電子數 —
原子量	50.9415
熔 點	1910　沸 點 3407
密 度	6.0
豐 度	
地 殼	97ppm　太陽系 282
存在場所	鉀釩鈾礦、綠硫釩礦（中國等）
價 格	563元（每公斤）◆
發現者	費爾南德茲（Andrés Manuel del Río Fernández，西班牙）、塞夫斯瑞姆（Nils Gabriel Sefström，瑞典）
發現年	1801年、1830年

小知識

元素名稱由來

斯堪的那維亞的愛與美的女神「凡娜迪絲」（Vanadis）。

發現時的故事

首先由費爾南德茲發現，遭法國學者指出錯誤而撤回。但後來由塞夫斯湯姆重新發現，費爾南德茲的正確性才獲得承認。

主要同位素

V_2O_5、$VOSO_4$、VCl_3、VF_5

主要同位素

^{50}V（0.250%），^{51}V（99.750%）

頭部使用釩鋼的工具。

● 氣體　　◖ 非金屬：液體　　◗ 金屬：液體　　▱ 非金屬：固體　　▰ 金屬：固體　　● 地殼中所含的比例

24 Cr 鉻 Chromium

  92 ppm

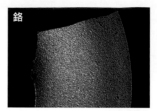

鉻

鉻被用於電鍍、纖維染料、合金等。鉻鍍膜耐磨耐鏽，經常使用於汽車等的裝飾部分。不鏽鋼就是鉻與鐵的合金。

乾燥的石蓴（綠藻）中含有豐富的鉻。此外，花生等豆類與糙米中也含有微量的三價鉻。一般認為三價鉻具有預防及改善糖尿病的效果，至於六價鉻則具有毒性，這點自古即為人所知。

鉻具有優異的耐蝕性，廣泛應用於電鍍。此外，鉻鐵合金即為大家所熟知的不鏽鋼。

石蓴

基礎資料

質子數 24	存在場所 鉻鐵礦、鉻鉛礦（哈薩克、南非、印度等）
價電子數 —	價格 357元（每公斤）◆ 塊狀及粉末
原子量 51.9961	
熔點 1907 沸點 2671	發現者 沃克蘭（Louis-Nicolas Vauquelin，法國）
密度 7.19	
豐度	發現年 1797 年
地殼 92ppm 太陽系 $1.35×10^4$	

小知識

元素名稱由來
希臘語的「顏色」（chroma）。

發現時的故事
從西伯利亞產的鉻鉛礦發現鉻的氧化物，將其經過還原處理後所分離出鉻金屬。

主要化合物
$K_2Cr_2O_7$，Ag_2CrO_4，$PbCrO_4$，CrO，Cr_2O_3，CrO_3

主要同位素
^{50}Cr（4.345%），^{52}Cr（83.789%），^{53}Cr（9.501%），^{54}Cr（2.365%）

25 Mn 錳 Manganese

   774.5 ppm

含二氧化錳的正極

鹼性錳鋅乾電池

錳

錳被使用於錳乾電池及合金等。錳與鐵的合金，則被使用於挖土機的零件等。

從錳核中開採的礦物剖面。除中心的核（橙色）之外，其餘黑色部分就是錳。

錳的特性是雖然比鐵硬，卻非常的脆。在鐵中添加錳製成的錳鋼，更具耐衝擊性與耐磨耗性。

此外，錳最為人所知的用途就是錳乾電池。而現在也有容量大於錳乾電池的鹼性鋅錳乾電池（alkaline zinc manganese dioxide cell）。而根據探測也發現，海底蘊藏著被稱為「錳核」的礦物。

基礎資料

質子數 25	存在場所 軟錳礦、黑錳礦、海底錳核（南非等）
價電子數 —	價格 9元（每公斤礦石）◆
原子量 54.938043	
熔點 1246 沸點 2061	發現者 甘恩（Johan Gottlieb Gahn，瑞典）
密度 7.21	
豐度	發現年 1774 年
地殼 774.5ppm 太陽系 $9.33×10^3$	

小知識

元素名稱由來
源自於拉丁語的「磁鐵」（magnes）。1808年，克拉普羅特（德國）提議，為避免與鎂混淆，應將其命名為「錳」。

發現時的故事
席勒在軟錳礦中發現了一種新元素，他的朋友甘恩成功將這種金屬分離成單質。

主要化合物
MnO_2，$MnCl_2$，$KMnO_4$，MnS

主要同位素
^{55}Mn（100%）

26 Fe

鐵
Iron

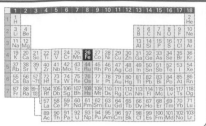

39200
ppm

鐵

鐵若含有0.02%～2.0%的碳，一般稱之為「鋼」，使用於汽車、船舶、橋梁、建築物的鋼骨和鋼筋、管道、電車軌道、飲料罐等。

鐵 作為鋼鐵的材料，對我們社會而言是非常有用的元素。不僅如此，我們體內也存在微量的鐵，扮演著「運送」氧的角色。

鐵原子與四個氮原子緊密結合，存在於血紅素中。而血紅素便存在於血液裡的紅血球中，也是賦予紅血球鮮紅顏色的色素蛋白質。

當血紅素中所含的鐵原子，來到氧含量豐富的場所（如肺部）時，就會與氧結合。反之，如果來到氧含量少的場所，就會釋放出搬運而來的氧。人體就利用鐵的這項性質，將攝取自肺部的氧運送到身體各處。

而在體內發揮如此重要作用的鐵，則攝取自日常飲食。海苔、羊栖菜（*Sargassum fusiforme*）、肝臟、菠菜、牛蒡等，都是已知富含鐵質的食品。

來自宇宙空間的鐵塊 ——「隕鐵」

宇宙空間的隕石偶爾會掉落地表，而有些成分幾乎都是鐵與鎳等金屬，這樣的隕石就稱為「隕鐵」（meteoric iron）。據說隕鐵主要來自小行星，並推測人類最早發現的金屬鐵，就是這種隕鐵。古埃及等以隕鐵為材料打造配飾等，就是為人所知的例子。

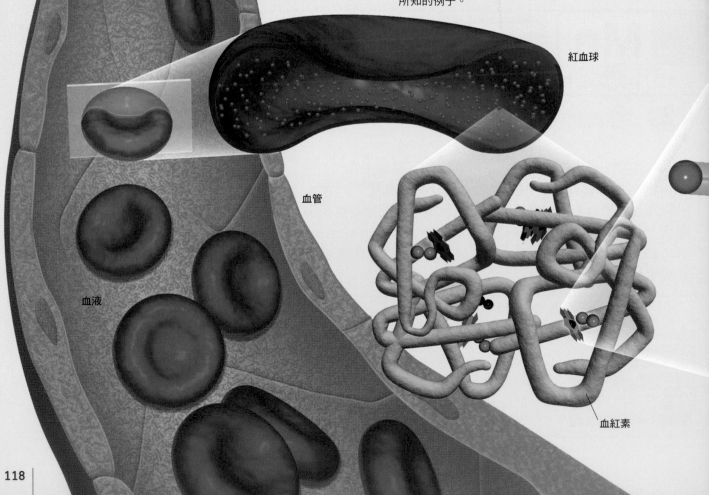

紅血球

血管

血液

血紅素

鐵的特性與主要用途

從古至今，鐵都是支撐人類生活的主要金屬元素。鐵容易塑形、堅固耐用，常使用於下列各種用途。但鐵屬於離子化傾向相對較高的元素，因此也具有容易氧化（容易生鏽）的弱點。克服這個弱點的其中一個方法，就是在表面鍍上一層鋅，使鐵變得不容易氧化。此外，鐵與鉻製成的合金，即不鏽鋼，作為不容易生鏽的金屬材料，和鐵一樣有各種用途。

鐵的主要用途：汽車車體、船舶船體、橋梁、建築物的鋼骨和鋼筋、管道、電車的鐵軌、鐵罐等。

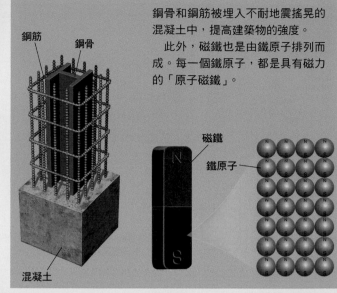

鋼骨和鋼筋被埋入不耐地震搖晃的混凝土中，提高建築物的強度。

此外，磁鐵也是由鐵原子排列而成。每一個鐵原子，都是具有磁力的「原子磁鐵」。

鋼筋　鋼骨

磁鐵

鐵原子

混凝土

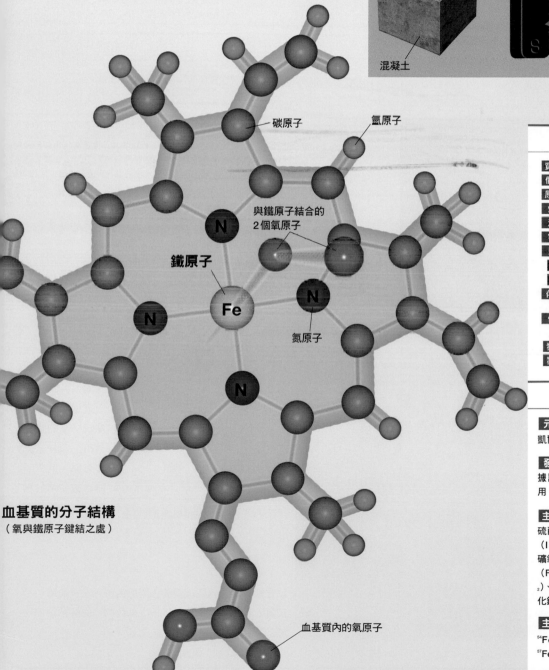

碳原子　　氫原子

與鐵原子結合的
2個氧原子

鐵原子

Fe

N

氮原子

血基質的分子結構
（氧與鐵原子鍵結之處）

血基質內的氧原子

基礎資料

質子數	26
價電子數	—
原子量	55.845
熔點	1538
沸點	2862
密度	7.874
豐度	
地殼	39200ppm
太陽系	$8.71×10^5$
存在場所	赤鐵礦、磁鐵礦（中國、烏克蘭、俄羅斯等）
價格	11000元（每公噸）♣ 鐵砂
發現者	—
發現年	—

小知識

元素名稱由來
凱爾特古語中的「聖金屬」。

發現時的故事
據說從西元前5000年左右開始使用。

主要化合物
硫酸亞鐵(II)（$FeSO_4$）、硫化亞鐵(II)（FeS）、磁鐵礦（Fe_3O_4）、赤鐵礦氧化鐵(III)（Fe_2O_3）、氫氧化鐵(II)（$Fe(OH)_3$）、氫氧化亞鐵（$Fe(OH)_2$）、鐵氰化鉀(III)（$K_3[Fe(CN)_6]$）、氯化鐵(III)（$FeCl_3$）

主要同位素
^{54}Fe（5.845%），^{56}Fe（91.754%），^{57}Fe（2.119%），^{58}Fe（0.282%）

  17.3 ppm

基礎資料

質子數	27
價電子數	—
原子量	58.933194
熔點	1495
沸點	2927
密度	8.90
豐度	
地殼	17.3ppm
太陽系	2.29×10^3
存在場所	方鈷礦、輝鈷礦（剛果、古巴等）
價格	1080元（塊狀或粉末狀，每公克）◆
發現者	勃蘭特（Georg Brandt，瑞典）
發現年	1735 年

鈷 合金堅固耐用，用在各式各樣的工業產品。此外，自古以來也當作色素使用，為陶器與玻璃著上湛藍色彩。

　　鈷是構成維生素B12的主要元素，因此對於生命而言也是不可或缺。此外，鈷也被使用於抑制充血的眼藥水。

小知識

元素名稱由來
德國民間故事中登場的「山精」（kobold）。或是希臘語的「礦山」（kobalos）。

發現時的故事
從西元前就用來著色陶器，但長久以來都不清楚其真面目。瑞典的勃蘭特於1735年首度成功將其分離出來。1780年由同為瑞典的貝里曼（Torbern Bergman）確認為新元素。

主要化合物
$CoCl_2$，$Co_2(CO)_8$，$Co(NH_3)_6^{2+}$，CoS_2

主要同位素
^{59}Co（100%）

鈷

鈷與鎳、鉻、鉬等製成的合金，在高溫下也具有高強度，因此被使用於飛機與渦輪等。

鈷是人體的必要元素。製造在體內運送氧的紅血球時必須的維生素B12，其中心就含有鈷。此外，鈷也被使用於抑制充血的眼藥水。

含鈷的眼藥水呈粉紅色

鈷也能為陶瓷器與玻璃著上湛藍色彩。左邊的煙灰缸，就是將鈷還原，以塗上藍色的「鈷藍霧釉煙灰缸」。

● 氣體　　◐ 非金屬：液體　　◐ 金屬：液體　　▢ 非金屬：固體　　▦ 金屬：固體　　● 地殼中所含的比例

28 Ni
鎳
Nickel

  47 ppm

基礎資料

質子數	28
價電子數	—
原子量	58.6934
熔點	1455
沸點	2913
密度	8.908
豐度	
地殼	47ppm
太陽系	4.90×10^4
存在場所	紅土、硫化物礦石等（加拿大、新喀里多尼亞等）
價格	420 元（鎳塊，每公斤）◆
發現者	克龍斯泰特（Axel Fredrik Cronstedt，瑞典）
發現年	1751 年

小知識

元素名稱由來
源自於德語的「銅之惡魔」（Kupfernickel）。有些鎳礦石呈現與銅礦石類似的紅色，但嘗試從中抽取出銅卻經歷多次失敗，再加上精煉時會冒出有毒蒸氣，因此得到這個名稱。

發現時的故事
1751年，克龍斯泰特成功將這種元素分離出來，並確認成分與上述礦物相同。

主要化合物
$NiCl_2$，$NiSO_4$，NiS

主要同位素
^{58}Ni（68.0769%），^{60}Ni（26.2231%）^{61}Ni（1.1399%），^{62}Ni（3.6345%），^{64}Ni（0.9256%）

鎳 在常溫下是穩定的金屬，使用於電鍍。鎳合金的種類也非常多，在我們的生活中隨處可見。

舉例來說，鎳與銅的合金就使用於100日圓硬幣。含有鎳的形狀記憶合金（shape memory alloy），也被使用於人造衛星等的太陽能板彈簧部分。至於鎳與鐵的合金，則被使用於磁振造影（magnetic resonance image，MRI）的磁性防護罩。

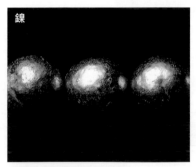
鎳被使用於電鍍、合金等。

鎳與銅的合金被使用於100日圓硬幣。

將太陽能轉變為電能
隨溫度伸縮的鎳合金彈簧
彈簧部分使用形狀記憶合金的太陽能電池。

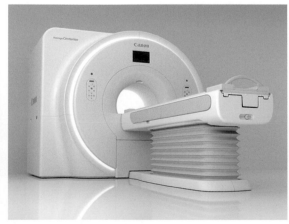

健康食品紅鳳豆（*Canavalia gladiata*）含有稱為尿素酶（urease）的酵素，其中就含有鎳。

鎳在醫療領域也相當活躍。鎳與鐵的合金就使用於磁振造影（MRI）的磁性防護罩。

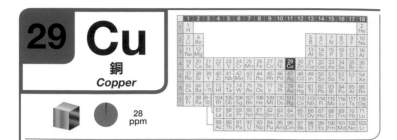

29 Cu
銅
Copper

28 ppm

銅是人類最早運用在生活當中的元素之一。舉例來說,在伊拉克北部發現的小珠子,被認為是在西元前8800年左右使用天然銅製作。

銅具有良好的延展性,即使延展到很薄也不易被破壞。此外也具備極高的導熱性與導電性,在金屬中僅次於銀,因此也常用於調理鍋及電線。

銅與其他金屬混合製成的合金種類非常多,例如青銅與黃銅等。黃銅是銅與鋅的合金,通常作為佛具及管樂器的材料。此外,銅與鋁的合金,即鋁銅,極耐腐蝕,被用於製作裝飾品。

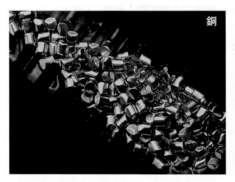

銅

10日圓硬幣

銅即用在硬幣上。事實上,日圓硬幣中,除了1日圓硬幣完全由鋁製成,其他所有的硬幣都含有銅。其中10日圓硬幣的銅更是占了95%,其餘成分則是3%~4%的鋅,與1%~2%的錫。

至於50日圓硬幣及100日圓硬幣,則都含75%的銅與25%的鎳。5日圓硬幣含有60%~70%的銅,以及30%~40%的鋅。2021年11月起發行的500日圓硬幣,其使用的金屬比例則是銅75%、鋅12.5%、鎳12.5%。

基礎資料

質子數	29
價電子數	—
原子量	63.546
熔點	1084.62
沸點	2562
密度	8.96
豐度	
地殼	28ppm
太陽系	550
存在場所	黃銅礦、赤銅礦等 (智利、美國、波蘭等)
價格	228元(銅線,每公斤)♣
發現者	—
發現年	—

小知識

元素名稱由來
源自於古代的銅產地賽普勒斯島(拉丁語為「Cuprum」)。

發現時的故事
自古以來為人所知的元素之一。

主要化合物
硫酸銅(II)($CuSO_4$)、氫氧化銅(II)($Cu(OH)_2$)、氧化銅(II)(CuO)、氯化銅(II)($CuCl_2$)

主要同位素
^{63}Cu(69.15%),^{65}Cu(30.85%)

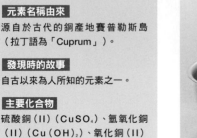

銅製鍋具

銅的導熱性極佳,因此用於製作湯鍋、煮水壺與平底鍋等。舉例來說,銅製平底鍋除了接觸瓦斯爐火焰的部分之外,接收到的熱也會均勻地傳導至整個鍋體,因此具有相對不容易燒焦的優點。

● 氣體　◐ 非金屬:液體　◐ 金屬:液體　▣ 非金屬:固體　▦ 金屬:固體　● 地殼中所含的比例

青銅器（銅鐸）

據研究，古代人原本以石器為主要工具，但銅的出現改變了古代人的生活。銅與錫混合製成的「青銅」，硬度明顯高於銅的單質。青銅在相對較低的溫度之下也容易熔化，因此就算靠著當時的技術，也能倒入鑄模製成各式各樣的形狀。青銅製品隨著時代與地區而異，種類包括餐具、貨幣、飾品、樂器等，相當豐富多樣。日本出土的青銅器「銅鐸」，大約製造於2000年前的彌生時代。據推測是祭祀時使用的禮器，但確切用途並不清楚。

金屬的顏色如何決定？

金、銀、銅雖然都是金屬，但顏色卻截然不同。銅是泛紅的「金紅色」，為何會呈現這樣的顏色呢？

一般的金屬，有著金屬原子規律排列的晶體結構。這些整齊排列的金屬原子因為最外側的電子被釋放出來，呈現離子狀態。被釋放出來的電子能在金屬離子之間自由移動，因此稱為「自由電子」。

自由電子幾乎能反射所有的光，但有些種類的金屬不會反射特定波長的光，而是會將其吸收。銅的自由電子會吸收波長約500奈米的光（1奈米是10億分之1公尺），也就是吸收藍色至綠色的光。於是銅反射的光中，紅色的比例較高，看起來就呈現「金紅色」。

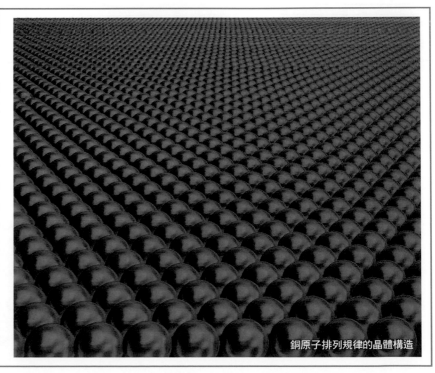

銅原子排列規律的晶體構造

30 Zn
鋅
Zinc

67 ppm

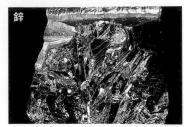
鋅

鋅 的顏色及形狀皆與鉛相似。薄鐵板鍍鋅可提高耐蝕性，是現在也廣泛使用的屋頂材料。至於在銅中添加鋅製成的合金稱為「黃銅」，強度高且加工容易，因此用於製作樂器。

除此之外，鋅還被使用於多數鈕扣電池的陰極，而硫化鋅則被使用於映像管（陰極射線管）的螢光劑。

過去曾認為鋅與鉛同樣是具有毒性的金屬，但鋅其實是人體必需的礦物質，能將體內的有害物質轉為無害，並排出有害金屬等，對於人類的生存扮演著重要角色。

此外，鋅也存在於舌頭上感受滋味的味蕾，若缺乏鋅將導致味覺障礙（dysgeusia）。

鋅與肌肽（胜肽）的化合物，被使用於胃潰瘍的治療藥物。最近也發現，鋅具有新的生理作用，具有降低血糖值、改善代謝症候群的效果。

基礎資料

質子數	30
價電子數	—
原子量	65.38
熔點	419.527
沸點	907
密度	7.14

豐度
地殼	67ppm
太陽系	1.32×10^3
存在場所	閃鋅礦等（澳洲等）
價格	53元（每公斤）♣ 鋅條
發現者	馬柯葛拉夫（Andreas Marggraf，德國）
發現年	1746 年

小知識

元素名稱由來
波斯語的「石頭」（sing），德語的「叉子尖端」（Zink）。

發現時的故事
據說最早是在 13 世紀的印度開始作為單質金屬製造。馬柯葛拉夫在 1746 年從菱鋅礦精煉出金屬鋅，並將精煉方法寫在書中。

主要化合物
$ZnSO_4$、$Zn(OH)_2$

主要同位素
^{64}Zn（49.17%）、^{66}Zn（27.73%）、^{67}Zn（4.04%）、^{68}Zn（18.45%）、^{70}Zn（0.61%）

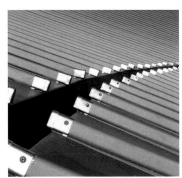
將鋅溶解，鍍在不鏽鋼基材上製成的屋頂材料。

使用鋅銅合金，即「黃銅」製成的銅管樂器。

味蕾在舌頭上的位置　舌乳頭　味蕾　味蕾　味蕾

生物體內也含有鋅。舉例來說，我們的舌頭上感受味覺的味蕾就含有鋅，此外，牡蠣也是為人所知富含鋅的生物。

● 氣體　　◗ 非金屬：液體　　◗ 金屬：液體　　▢ 非金屬：固體　　▥ 金屬：固體　　● 地殼中所含的比例

31 Ga 鎵 Gallium

17.5 ppm

 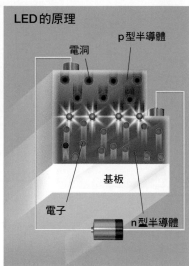

LED的原理

p型半導體　電洞　電子　基板　n型半導體

鎵是罕見的金屬，呈液態的溫度相對較低，但沸點很高，因此維持液體狀態的溫度範圍很廣。這個性質使鎵被應用於高溫用溫度計、液體密封膠等。此外，使用鎵的半導體發熱量較矽半導體少，因此廣泛使用於電腦與手機等電子裝置。最廣為人知的用途就是發光二極體（LED）。發光二極體有3種顏色，以磷化鎵（GaP）為材料的是黃綠色及紅色LED，以氮化鎵（GaN）為材料的則是藍色LED。

※日本學者赤崎勇、天野浩、中村修二由於發明出藍色發光二極體，獲頒2014諾貝爾物理學獎。

藍色發光二極體的原理

藍色發光二極體以氮化鎵系的半導體製成，分成n型與p型。n型半導體由電子流動形成電流，p型半導體則由電洞（電子離開後的空位）形成電流。將這2種半導體黏合並施以電壓，電子與電洞就會在黏合面結合並消滅，這時產生的能量就以光的形式釋放出來。

基礎資料

質子數	31
價電子數	3
原子量	69.723
熔點	29.7646
沸點	2204
密度	5.91
豐度	
地殼	17.5ppm
太陽系	37.2
存在場所	鋁礬土（幾內亞等）、硫鎵銅礦（納米比亞等）
價格	578 元（每公克）■
發現者	德布瓦博德蘭（François Lecoq de Boisbaudran，法國）
發現年	1875 年

小知識

元素名稱由來

發現者祖國的拉丁語名「高盧」（Gallia）。

發現時的故事

在鋅的光譜中發現了2條未知的線，後來從閃鋅礦中分離出鎵。

主要化合物

Ga_2O、Ga_2O_3、$Ga(OH)_3$、GaF_6

主要同位素

^{69}Ga（60.108%）、^{71}Ga（39.892%）

交通號誌　大型顯示器　光碟

藍色LED被使用於即使照射太陽光也能清楚看見的交通號誌、全彩大型顯示器、光碟（CD、DVD等）讀寫頭使用的藍色雷射。

32 Ge
鍺
Germanium

1.4 ppm

鍺 廣泛分布於地表淺層。雖然也被用於半導體元件，但現在已經將主角的寶座讓給了矽。

鍺不會吸收紅外線，因此也使用於能讓紅外線穿透的窗。此外，鍺也被加入光纖雙層結構中稱為「纖芯」（core）的內層部分，用來提升光的折射率。

鍺礦石。用於能讓紅外線穿透的窗，以及光纖的纖芯部分等。

雷射光的路徑　　包層（折射率小）
纖芯（折射率大）　全反射（光不逸散）

光纖呈2層的同心圓結構，內側的「纖芯」使用折射率大的物質，外側的「包層」（clad）使用折射率小的物質，使光反覆地全反射，不至於逸散至外部。將鍺加入纖芯，即可提高折射率。

基礎資料

質子數 32		存在場所	硫酸鍺礦（法國）、
價電子數 4	原子量 72.630		水鍺鐵石（納米比亞等）
熔點 938.25	沸點 2833	價格	1778元
密度 5.323			（粉末，每公克）■
豐度		發現者	溫克勒（Clemens Winkler，德國）
地殼 1.4ppm	太陽系 117	發現年	1886 年

小知識

元素名稱由來
發現者祖國的古名「日耳曼」（Germania）。

發現時的故事
對硫銀鍺礦進行化學分析時所發現的元素。

主要化合物
GeO、GeS、$GeCl_2$、GeO_2、GeH_4、GeF_4、GeS_2

主要同位素
^{70}Ge（20.52%）、^{72}Ge（27.45%）、^{73}Ge（7.76%）、^{74}Ge（36.52%）、^{76}Ge（7.75%）

---

33 As
砷
Arsenic

4.8 ppm

砷 的化合物自古以來即是為人所知的毒藥，被使用於暗殺等場合。但近年來，砷化物中的三氧化二砷（俗稱砒霜），卻被用來治療急性骨髓性白血病。

由於砷化鎵的電子移動率（electron mobility）高於矽數倍，因此被使用於手機電路等方面，除此之外也使用於發光二極體。

有些食物如羊栖菜的砷含量較高，但即使食用羊栖菜也不會中毒。

砷

砷被用於急性骨髓性白血病治療藥，以及由多種元素形成的「化合物半導體」（compound semi-conductor）等方面。砷化鎵半導體被使用於發光二極體、多種元素構成的「化合物半導體」、電晶體以及太陽能電池等。右邊是電路（砷化鎵功率放大器）。

基礎資料

質子數 33		存在場所	雄黃（秘魯等）、
價電子數 5			雞冠石（秘魯等）
原子量 74.921595		價格	367元（每公克）
熔點 817（加壓下）			★ 塊狀
沸點 614（昇華）		發現者	馬格努斯（Albertus Magnus，德國）
密度 5.727			
豐度		發現年	13 世紀
地殼 4.8ppm	太陽系 6.17		

小知識

元素名稱由來
希臘語的「黃色顏料」（雄黃，arsenikon）。

發現時的故事
砷化物與油混和加熱，即可得到單質。

主要化合物
AsH_2、As_2O_3、As_2S_3、$NaAsO_3$

主要同位素
^{75}As（100%）

● 氣體　　　● 非金屬：液體　　　● 金屬：液體　　　■ 非金屬：固體　　　 金屬：固體　　　● 地殼中所含的比例

34 Se
硒
Selenium

  0.09 ppm

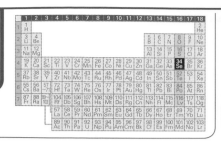

硒

硒被使用於夜間攝影用攝影機的攝像管、影印機,以及將玻璃著色,使玻璃變成紅色、粉紅色或橙色的色素等。

硒

硒其實是極富反應性的元素,幾乎能與所有元素結合。硒也是人體必須的礦物質,具有預防生活習慣病等效果,但攝取過量則會呈現強烈毒性。

使用硒的非晶硒薄膜,用在夜間攝影用攝影機的攝像管。攝像管通常會將進入的光轉換成影像,因此會先將光變換成電子訊號。而在非晶硒薄膜內,帶有負電荷的電子與正電荷的電洞受到加速,在過程中陸續產生新的電子與電荷。

如此一來,就會產生比平常還要大的電荷,並從每1個進入的光子獲得比原本更多的電子訊號,從而得到解析度更高的影像。

除此之外,只有在照射到光線時才會產生電流(光傳導性)的硒化物,也被使用於影印機等。

基礎資料

質子數	34
價電子數	6
原子量	78.971
熔點	221(金屬)
沸點	685
密度	4.81(金屬)
豐度	
地殼	0.09ppm
太陽系	67.6
存在場所	伴隨著硫化物產出
價格	25元(每公克)■ 粒狀
發現者	貝吉里斯和甘恩(皆為瑞典)
發現年	1817 年

小知識

元素名稱由來
希臘語的「月亮女神」(Selene)。

發現時的故事
貝吉里斯和甘恩發現與碲非常相似的元素。

主要化合物
H_2Se、Se_2Cl_2、SeO_2、H_2SeO_3、H_2SeO_4

主要同位素
^{74}Se(0.86%)、^{76}Se(9.23%)、^{77}Se(7.60%)、^{78}Se(23.69%)、^{80}Se(49.80%)、^{82}Se(8.82%)

夜間攝影用攝影機

攝像管所在之處

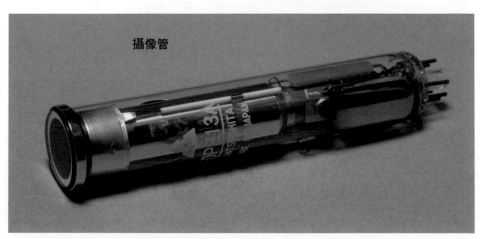

攝像管

35 Br 溴 Bromine

  1.6 ppm

自然界不存在溴的單質，溴以溴化物的形式存在於礦床中或海水中。溴在常溫常壓下會是發出臭味的液體。

從含有溴的貝類（骨螺科的環帶骨螺與染料骨螺等）萃取出的艷紫色染料（泰耳紫，tyrian purple），自羅馬時代就開始使用。

除此之外，溴也被用於照片的感光劑等。

使用含有溴的貝類內臟色素染製的絲巾。

基礎資料

質子數	35
價電子數	7
原子量	79.901～79.907
熔點	-7.2
沸點	58.8
密度	3.1028

豐度
地殼 1.6ppm　太陽系 10.7
存在場所 溴銀礦（美國等）
價格 96 元（每公克）★
發現者 巴拉爾（Antoine Jérôme Balard，法國）
發現年 1825 年

小知識

元素名稱由來
希臘語的「惡臭」（bromos）。

發現時的故事
巴拉爾研究高鹽分的湖水蒸發後所殘留的物質，從中發現了溴。

主要化合物
KBr、Br_2、Br_2O、BrF_3、BrF_5，$KBrO_4$

主要同位素
^{79}Br（50.5% ～ 50.8%）、^{81}Br（49.2% ～ 49.5%）

36 Kr 氪 Krypton

氪是非金屬元素，屬於惰性氣體，是一種非活性氣體，被使用於氪燈泡。氪氣不易導熱，因此被封入燈泡中，能延長燈絲的壽命。

此外也被使用於相機閃光燈。

封入氪以延長燈絲壽命的「氪燈泡」（照片）。此外，氪也被使用於相機閃光燈。

基礎資料

質子數	36
價電子數	0
原子量	83.798
熔點	-157.37
沸點	-153.415
密度	0.003749

豐度
地殼 —　太陽系 55.0
存在場所 微量存在於空氣中。
價格 —
發現者 拉姆賽（蘇格蘭）、特拉弗斯（英格蘭）
發現年 1898 年

小知識

元素名稱由來
希臘語的「被藏起來的東西」（kryptos）。

發現時的故事
利用沸點差異，從液態空氣中分離出來。

主要化合物
KrF_2、$Kr_6(H_2O)_{46}$

主要同位素
^{78}Kr（0.355%）、^{80}Kr（2.286%）、^{82}Kr（11.593%）、^{83}Kr（11.500%）、^{84}Kr（56.987%）、^{86}Kr（17.279%）

● 氣體　　● 非金屬：液體　　● 金屬：液體　　● 非金屬：固體　　● 金屬：固體　　● 地殼中所含的比例

37 Rb
鉫
Rubidium

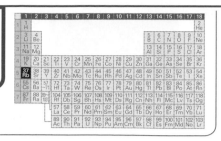

82 ppm

鉫

鉫 的同位素^{87}Rb屬於放射性元素，會因核衰變而轉換成鍶，而用來測定數十億年前年代的「鉫－鍶年代測定法」（rubidium-strontium method of age determination），就利用了此一現象。這個年代測定法被用來測定疊層石（stromatolite）的年代。此外，鉫也被使用於誤差少的鉫原子鐘（rubidium atomic clock），以及鉫振盪器等。

鉫被使用於原子鐘與振盪器等。放射性同位素鉫87釋放出β射線，轉換成鍶87。鉫87的半衰期約490億年，因此「鉫－鍶年代測定法」可用來測定數十億年前的年代。

基礎資料

質子數	37
價電子數	1
原子量	85.4678
熔點	39.30
沸點	688
密度	1.46

豐度	
地殼 82ppm	太陽系 7.08
存在場所	鋰雲母中含有 3.15%。
價格	8778 元（每公克）★
發現者	本生（Robert Bunsen）、克希何夫（Gustav Kirchhoff）（皆為德國）
發現年	1861 年

小知識

元素名稱由來
拉丁語的「深紅色」（rubidus）。

發現時的故事
對含鋰的雲母進行光譜測定時發現。

主要同位素
^{85}Rb（72.17%）、
^{87}Rb（27.83%）

38 Sr
鍶
Strontium

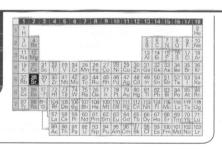

320 ppm

鍶

鍶 是銀白色的柔軟金屬元素，會與水產生激烈反應。氯化鍶燃燒時會綻放出紅色光芒，因此被使用於煙火與警戒訊號燈等。

此外，鍶的碳酸鹽也是顯示器使用的玻璃原料。

鍶被使用於煙火、警戒訊號燈、顯示器使用的玻璃、永久磁鐵、合金等。放射性同位素鍶89會釋放出β射線，因此製造含有鍶89的化合物，可用於治療骨轉移的癌症。

基礎資料

質子數	38
價電子數	2
原子量	87.62
熔點	777
沸點	1377
密度	2.64

豐度	
地殼 320ppm	太陽系 23.4
存在場所	天青石、菱鍶礦（墨西哥等）
價格	444 元（每公克）■ 粉末
發現者	克勞福（Adair Crawfurd，蘇格蘭）
發現年	1790 年

小知識

元素名稱由來
源自於菱鍶礦（strontianite）。

發現時的故事
分析在蘇格蘭的礦山中發現的礦物時發現。

主要同位素
^{84}Sr（0.56%）、^{86}Sr（9.86%）、
^{87}Sr（7.00%）、^{88}Sr（82.58%）

39 Y 釔 *Yttrium*

21 ppm

釔

釔被使用於看起來最接近自然光的三波長螢光燈、光學鏡片、陶瓷、合金等。也被使用於映像管的紅色螢光體。

釔與鋁的氧化物，被使用於白色發光二極體用的黃色螢光體與雷射。

釔 是銀白色的金屬，不具備延展性，在空氣中容易氧化。含釔晶體（釔與鋁的氧化物）最廣泛的用途，是利用晶體的YAG雷射（釔鋁石榴石雷射的簡稱）。此外，釔也是製作白色發光二極體的材料。

基礎資料

質子數 39		
價電子數 —	**豐度**	
原子量 88.905838±0.000002	地殼 21ppm　太陽系 4.57	
熔點 1526	存在場所 獨居石、氟碳鈰鑭礦（加拿大、中國等）	
沸點 3345	價格 150元（每公斤）◆ 氧化釔	
密度 4.472	發現者 加多林（芬蘭）	
	發現年 1794年	

小知識

元素名稱由來
瑞典村莊「伊特比」（Ytterby）。

主要同位素
⁸⁹Y（100%）

發現時的故事
加多林從加多林石中發現新的氧化物，莫桑德進一步調查這種氧化物，發現裡面含有3種新的氧化物，並將其中1種元素命名為釔。

40 Zr 鋯 *Zirconium*

193 ppm

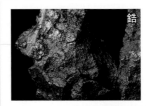

鋯

鋯被使用於菜刀、剪刀、高爾夫球桿、白色染料、化妝品等。

鋯 的耐熱性、耐蝕性優異，因此用在各種不同的領域。鋯是最不容易吸收中子的天然金屬，因此也被使用於核反應爐的材料。

此外，含有鋯的高強度陶瓷非常堅硬，用來製造陶瓷菜刀與剪刀。

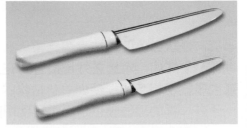

鋒利、使用壽命長且不會生鏽的陶瓷菜刀。

基礎資料

質子數 40		
價電子數 —	**豐度**	
原子量 91.224	地殼 193ppm　太陽系 10.5	
熔點 1855	存在場所 鋯石、斜鋯石（美國等）	
沸點 4377	價格 1950元（每公斤）◆ 塊狀及粉末	
密度 6.52	發現者 克拉普羅特（德國）	
	發現年 1789年	

小知識

元素名稱由來
阿拉伯語的「寶石的金色」（zargun）。

發現時的故事
1789年，克拉普羅特調查取自錫蘭島的礦物，從中發現了鋯。

主要同位素
⁹⁰Zr（51.45%）、⁹¹Zr（11.22%）、⁹²Zr（17.15%）、⁹⁴Zr（17.38%）、⁹⁶Zr（2.80%）

● 氣體　　● 非金屬：液體　　 金屬：液體　　■ 非金屬：固體　　 金屬：固體　　● 地殼中所含的比例

41 Nb 鈮 *Niobium*

12 ppm

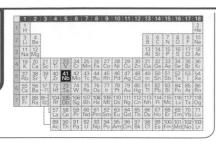

鈮

含有鈮的合金強度高，不容易變質。鈮鈦合金在極低溫度下會變成電阻為零的超導體，也容易加工，因此用於線性馬達列車，以及「磁振造影裝置」等的電磁鐵（超導磁鐵）。

鈮 與鈦的合金，在極低溫度下會轉變成超導體，也容易加工，因此被用於線性馬達（linear motor）等的電磁鐵。雖然也有轉變成溫度較鈮鈦合金高的「高溫超導體」（high-temperature superconductor，HTSC），但這些超導體都是硬脆的陶瓷，加工起來相當困難。

線性馬達列車

基礎資料		小知識	
質子數 41	豐度	**元素名稱由來**	**發現時的故事**
價電子數 —	地殼 12ppm　太陽系 0.794	希臘神話之王坦塔羅斯（Tantalus）的女兒妮奧比（Niobe）。	哈契特在黑色礦物中發現了新的元素，並命名為鈳（columbium），就是現在的鈮。
原子量 92.90637	存在場所 鈮鐵礦（巴西、加拿大等）		
熔點 2477	價格 3330元（每公斤）◆		**主要同位素**
沸點 4744	塊狀及粉末		⁹³Nb（100%）
密度 8.57	發現者 哈契特（Charles Hatchett，英格蘭）		
	發現年 1801年		

42 Mo 鉬 *Molybdenum*

1.1 ppm

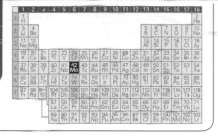

鉬
根瘤

添 加鉬的不鏽鋼，被廣泛使用於飛機及火箭的引擎等機械材料。除此之外，還會用在菜刀等刀具或工具。再者也多虧了鉬，才能使與豆科植物的根（根瘤）共生的根瘤菌，在從大氣中吸收氮時的必要酵素發揮作用。

基礎資料		小知識	
質子數 42	豐度	**元素名稱由來**	**主要同位素**
價電子數 —	地殼 1.1ppm　太陽系 2.69	希臘語的「鉛」（molybdos）。	⁹²Mo（14.649%）、⁹⁴Mo（9.187%）、
原子量 95.95	存在場所 輝鉬礦（美國、智利等）		⁹⁵Mo（15.873%）、⁹⁶Mo（16.673%）、
熔點 2623	價格 1140元（每公斤）◆	**發現時的故事**	⁹⁷Mo（9.582%）、⁹⁸Mo（24.292%）、
沸點 4639	塊狀及粉末	席勒使用硝酸將輝鉬礦溶解後調查其成分，從中發現了鉬。	¹⁰⁰Mo（9.744%）
密度 10.28	發現者 席勒、耶爾姆（Peter Jacob Hjelm）		
	（皆為瑞典）（單質）		
	發現年 1778 年		

43 Tc 鎝 Technetium

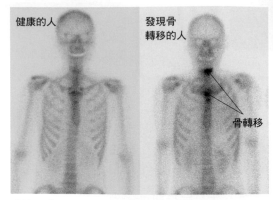

健康的人　　發現骨轉移的人

骨轉移

鎝被用來作為檢查癌細胞骨轉移的診斷用的放射性藥物。鎝大量聚集在骨轉移的位置，因此看起來比較黑。

鎝 在自然界無法穩定存在，是第一種以人工方式製造的元素。1906年，日本的小川正孝宣布發現原子序43的元素，當時命名為「Nipponium」（Np），但這種元素其實是當時尚未發現的錸（Re），因此他的發現並未獲得認可。鎝全部都是放射性同位素，作為檢查癌細胞骨轉移的診斷用放射性藥物使用。

基礎資料

質子數	43
價電子數	—
原子量	（99）
熔點	2157
沸點	4265
密度	11

豐度
地殼 — 太陽系 —
存在場所 實際上不是自然存在的。
價格 —
發現者 培里耶（Carlo Perrier）、賽格瑞（Emilio Segrè）（皆為義大利）
發現年 1936 年

小知識

元素名稱由來
希臘語的「人工」（tekhnetos）。

發現時的故事
鎝是在使用迴旋加速器（cyclotron）加速的氘核，撞擊鉬時所發現的放射性元素，也是最早由人工製造的放射性元素。

主要同位素
—

44 Ru 釕 Ruthenium

 0.00034 ppm

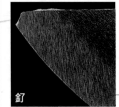

釕被用於電腦硬碟圓盤（磁層與磁層之間）、電鍍、合金等。釕與鉑、鈀的合金，常常被使用於裝飾品與電子電路的開關。

釕

電腦硬碟。

釕 使用於硬碟圓盤的磁層，幫助增加記憶容量，而這個釕層就被稱為「精靈之塵」（pixie dust）。至於釕鍍層則被使用於裝飾品等方面。此外，在合成具左右型的有機分子（鏡像異構物）且只選擇合成其中一種分子時，也會使用含有釕的催化劑。

基礎資料

質子數	44
價電子數	—
原子量	101.07
熔點	2334
沸點	4150
密度	12.45

豐度
地殼 0.00034ppm 太陽系 1.78
存在場所 硫化礦（加拿大等）
價格 1667 元（每公克）■ 粉末
發現者 奧桑（Gottfried Osann，德國）
發現年 1828 年

小知識

元素名稱由來
克勞斯（Karl Ernst Claus，現在的愛沙尼亞）祖國俄國的拉丁名「Ruthenia」。

發現時的故事
奧桑在鉑礦中發現。1845 年由克勞斯抽取出元素。

主要同位素
96Ru（5.54%）、98Ru（1.87%）、99Ru（12.76%）、100Ru（12.60%）、101Ru（17.06%）、102Ru（31.55%）、104Ru（18.62%）

● 氣體　　● 非金屬：液體　　● 金屬：液體　　■ 非金屬：固體　　■ 金屬：固體　　● 地殼中所含的比例

45 Rh 銠 *Rhodium*

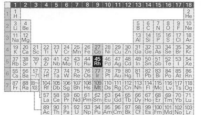

銠被用於相機與光學儀器的零件、裝飾品等的表面鍍層、電子電路的開關、分解汽車引擎排放的廢氣中所含氮氧化物的觸媒等。

銠

汽車引擎。

銠 的質地堅硬，具備優異的耐蝕性與耐磨耗性，以及美麗的光澤，被用於金屬及玻璃的裝飾性鍍層。自然界的存在量微乎其微，工業用的銠是提煉鉑與銅時的副產品。此外，銠能分解汽車廢氣中的氮氧化物，在汽車引擎中作為觸媒使用。

基礎資料		
質子數 45	**豐度**	
價電子數 —	地殼 — 太陽系 0.355	
原子量 102.90549	存在場所 硫化礦（加拿大等）	
熔點 1964	價格 9990元（粉末，每公克）◆	
沸點 3695	發現者 沃拉斯頓（William Wollaston，英格蘭）	
密度 12.41	發現年 1803 年	

小知識	
元素名稱由來	**主要同位素**
希臘語的「玫瑰」（rhodon）。	103Rh（100%）
發現時的故事	
使用王水（濃鹽酸與濃硝酸的混合液）溶解鉑礦時，與鈀同時發現。	

46 Pd 鈀 *Palladium*

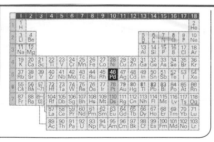

0.00052 ppm

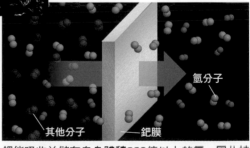

鈀被使用於氫的精製、分解汽車引擎排放廢氣中所含之氮氧化物的觸媒、有機分子結合時的催化劑、裝飾品、電子儀器零件、牙科治療等。

鈀

氫分子

其他分子　　　鈀膜

鈀能吸收並儲存自身體積900倍以上的氫，因此被使用於氫的精製。

鈀 合金吸收氫的能力優異，且具有讓氫原子通過的性質，因此被用來精製氫。事實上，鈀合金能吸收自身體積900倍以上的氫，將來在氫能社會的應用備受期待。除此之外，鈀也被使用於裝飾品、電子儀器的零件及牙科治療。

基礎資料		
質子數 46	**豐度**	
價電子數 —	地殼 0.00052ppm 太陽系 1.38	
原子量 106.42	存在場所 硫化礦（加拿大等）	
熔點 1554.9	價格 2129元（條塊，每公克）◆	
沸點 2963	發現者 沃拉斯頓（英格蘭）	
密度 12.023	發現年 1803 年	

小知識	
元素名稱由來	**主要同位素**
小行星智神星（Pallas）。	102Pd（1.02%）、104Pd（11.14%）、
發現時的故事	105Pd（22.33%）、106Pd（27.33%）、
使用王水（濃鹽酸與濃硝酸的混合液）溶解鉑礦時，與銠同時發現。	108Pd（26.46%）、110Pd（11.72%）

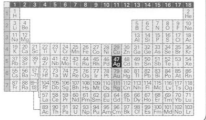

0.053
ppm

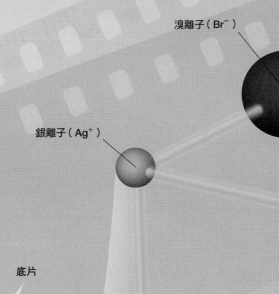

銀

銀被使用於銀幣、珠寶飾品、餐具、鍍層、底片、測量電位差的電極以及殺菌消毒藥劑等。

銀 自古以來即作為硬幣、飾品及餐具使用。只要使用銀器，就能立刻知道食物中是否混入了具毒性的砷。這是因為銀與硫反應，就會產生黑色的硫化銀，而中世紀用來下毒的砷純度很低，裡面含有硫化物。

現代說到拍照，幾乎都指使用數位相機或手機拍攝數位照片。但在不久以前，使用的還是底片相機，底片應用了非常了不起的化學反應。反應用到的銀化合物，最為人所知的就是溴化銀。底片相機的原理就是利用溴化銀照射到光時所產生的化學反應。

底片表面有一層厚薄均勻，約20微米（100萬分之1公尺）的感光乳劑，裡面含有溴化銀粒子。溴化銀粒子是銀離子與溴離子結合而成的離子晶體。當底片照射到光時，電子從溴離子中飛出，與銀離子結合，形成黑色的銀原子點。而銀原子在顯影過程中逐漸增加，最後變成肉眼可見的黑點。如果將顯影完畢的底片放大來看，就會發現影像是由微小的銀點構成。

溴離子（Br^-）

銀離子（Ag^+）

底片

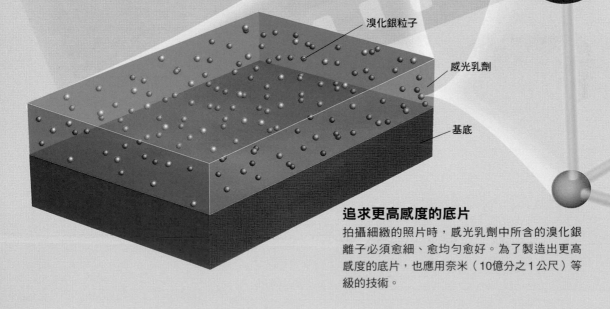

溴化銀粒子

感光乳劑

基底

追求更高感度的底片

拍攝細緻的照片時，感光乳劑中所含的溴化銀離子必須愈細、愈均勻愈好。為了製造出更高感度的底片，也應用奈米（10億分之1公尺）等級的技術。

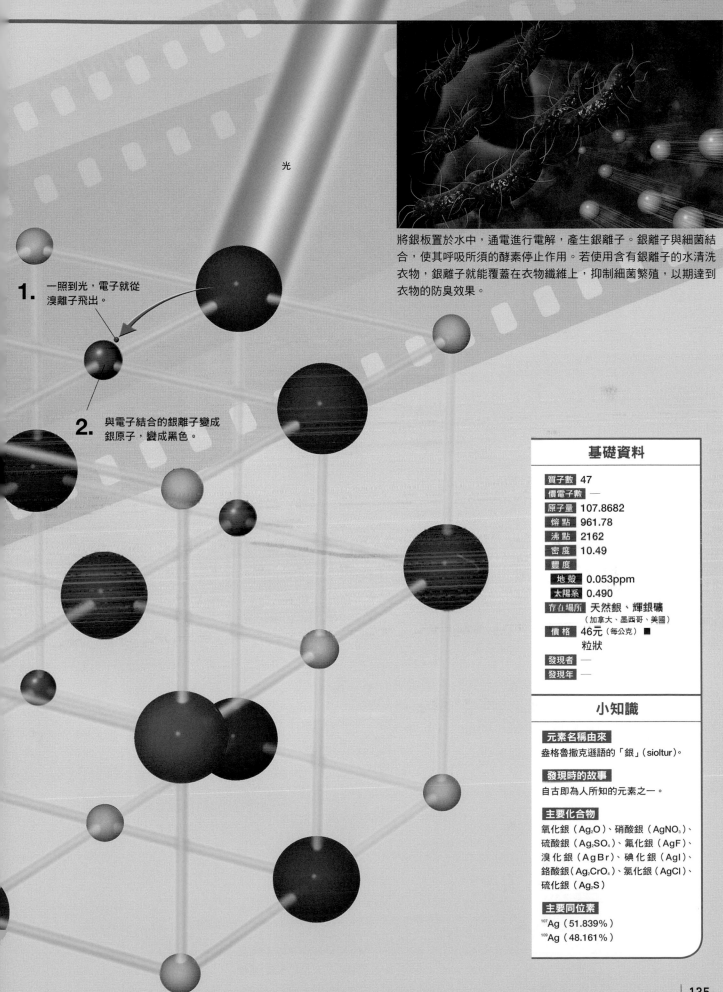

光

1. 一照到光，電子就從
溴離子飛出。

2. 與電子結合的銀離子變成
銀原子，變成黑色。

將銀板置於水中，通電進行電解，產生銀離子。銀離子與細菌結合，使其呼吸所須的酵素停止作用。若使用含有銀離子的水清洗衣物，銀離子就能覆蓋在衣物纖維上，抑制細菌繁殖，以期達到衣物的防臭效果。

基礎資料

質子數	47
價電子數	—
原子量	107.8682
熔 點	961.78
沸 點	2162
密 度	10.49
豐 度	
地 殼	0.053ppm
太陽系	0.490
存在場所	天然銀、輝銀礦（加拿大、墨西哥、美國）
價 格	46元（每公克）■ 粒狀
發現者	—
發現年	—

小知識

元素名稱由來
盎格魯撒克遜語的「銀」（sioltur）。

發現時的故事
自古即為人所知的元素之一。

主要化合物
氧化銀（Ag_2O）、硝酸銀（$AgNO_3$）、
硫酸銀（Ag_2SO_4）、氟化銀（AgF）、
溴化銀（$AgBr$）、碘化銀（AgI）、
鉻酸銀（Ag_2CrO_4）、氯化銀（$AgCl$）、
硫化銀（Ag_2S）

主要同位素
^{107}Ag（51.839%）
^{109}Ag（48.161%）

48 Cd 鎘 *Cadmium*

 0.09 ppm

鎘

氧 氧化鎘被當成鎳鎘電池的電極材料使用。鎳鎘電池正極使用鎳、負極使用鎘，壽命很長，經得起上千次的充放電。此外，鎘在空氣中的穩定性高，因此也被用於電鍍。再者，顏料或油漆使用的鮮黃色「鎘黃」（cadmium yellow），則是由硫化鎘製成。

鎳鎘電池可對應各種不同的用途。

基礎資料

質子數	48
價電子數	—
原子量	112.414
熔點	321.07
沸點	767
密度	8.65

豐度
地殼 0.09ppm　太陽系 1.58
存在場所 硫鎘礦、鋅礦（中國、澳洲等）
價格 181元（每公克）■ 小塊
發現者 史托梅耶（Friedrich Strohmeyer，德國）
發現年 1817 年

小知識

元素名稱由來
語源為拉丁語的「cadmia」（混和鐵的氧化鋅）。

發現時的故事
將碳酸鋅燃燒變成氧化鋅後，理論上應該變成白色，結果卻變成黃色。顯示這是由新元素所造成的。

主要同位素
^{106}Cd（1.245%）、^{108}Cd（0.888%）、^{110}Cd（12.470%）、^{111}Cd（12.795%）、^{112}Cd（24.109%）、^{113}Cd（12.227%）、^{114}Cd（28.754%）、^{116}Cd（7.512%）

---

49 In 銦 *Indium*

 0.056 ppm

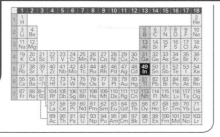

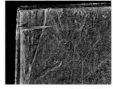

銦被使用於由多種元素製成的「化合物半導體」、紅外線探測器、電鍍、透明電極等用途。氧化銦錫透明且具有導電性，可作為手機觸控面板等的透明電極使用。

銦

銦 是柔軟的銀白色金屬，在空氣中覆蓋著一層氧化膜，因此穩定存在，被作為半導體材料使用。
　　至於銦的化合物氧化銦錫（indium tin oxide，ITO），透明而且具有傳導性，因此被使用於電腦及電視的液晶顯示器電極。

液晶顯示器的內部呈層狀構造，其中一部分含有使用銦的透明電極。

液晶顯示器

基礎資料

質子數	49		
價電子數	3		
原子量	114.818	熔點	156.60
沸點	2072	密度	7.31
豐度			
地殼 0.056ppm	太陽系 0.178		

存在場所 硫銦銅礦、硫鐵銦礦（加拿大、中國等）
價格 5520元（塊狀及粉末狀，每公斤）◆
發現者 賴希（Ferdinand Reich）和瑞希特（Hieronymus Theodor Richter）（皆為德國）
發現年 1863 年

小知識

元素名稱由來
源自於發射光譜線呈藍色（拉丁語是「Indicum」）。

發現時的故事
測定閃鋅礦的光譜時，發現了藍色的線。

主要同位素
^{113}In（4.281%）、^{115}In（95.719%）

● 氣體　　● 非金屬：液體　　● 金屬：液體　　■ 非金屬：固體　　■ 金屬：固體　　 地殼中所含的比例

50 Sn

錫
Tin

2.1 ppm

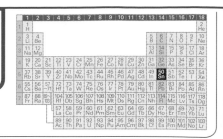

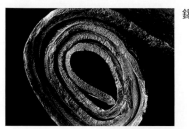

錫

焊接。

錫 有多種同位素，在自然界中就有多達10種。銅錫合金就是青銅（bronze），從自古以來即為人所知，在鐵器普及之前，建立了青銅器時代。由於青銅容易加工、色澤獨特且聲響悅耳，現在也被使用於藝術品及吊鐘。

鍍錫的薄鐵板就是「馬口鐵」（tin plate）。錫的耐蝕性高，具有保護鐵的效果。馬口鐵被使用於罐頭的罐子，以及過去的玩具。

至於錫與鉛的合金則作為「焊料」（solder），使用於組裝電容、電晶體的電路。

從古墳中挖掘出來的青銅鏡。

基礎資料

質子數	60
價電子數	4
原子量	118.7
熔點	231.928
沸點	2602
密度	5.769（α）

豐度
地殼	2.1ppm	太陽系	3.63

存在場所 錫石（中國、巴西等）

價格 522元（每公斤）◆ 塊狀

發現者 ── 發現年 ──

小知識

元素名稱由來
拉丁語的「stannum」（鉛銀合金）。

發現時的故事
銅錫合金就是青銅，西元前3000年左右即為人所知。

主要同位素
¹¹²Sn（0.97%）、¹¹⁴Sn（0.66%）、
¹¹⁵Sn（0.34%）、¹¹⁶Sn（14.54%）、
¹¹⁷Sn（7.68%）、¹¹⁸Sn（24.22%）、
¹¹⁹Sn（8.59%）、¹²⁰Sn（32.58%）、
¹²²Sn（4.63%）、¹²⁴Sn（5.79%）

充斥於我們周遭的各種馬口鐵罐。

51 Sb 銻 *Antimony*

銻

0.4 ppm

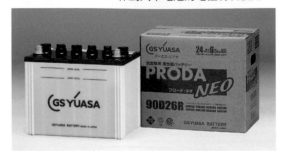

作為汽車電池的電極材料使用。

含 銻礦物的輝銻礦（Sb_2S_3），自古以來即作為女性的眼影等使用，再者，銻的化合物現在還作為鉛蓄電池的電極，以及半導體材料使用。

此外，三氧化二銻除了作為一種阻燃劑添加於窗簾等織品的纖維之外，也添加於塑膠及橡膠產品，使其較不易燃燒。

基礎資料		小知識	
質子數 51	**豐度**	**元素名稱由來**	**主要同位素**
價電子數 5	**地殼** 0.4ppm　**太陽系** 0.316	希臘語的「討厭孤獨」（anti-monos）。	^{121}Sb（57.21%）、^{123}Sb（42.79%）
原子量 121.760	**存在場所** 輝銻礦		
熔點 630.63	（中國、俄羅斯、玻利維亞等）	**發現時的故事**	
沸點 1587	**價格** 180元（塊狀及粉末狀，每公斤）◆	自古即為人所知的元素之一。	
密度 6.697	**發現者** —		
	發現年 —		

52 Te 碲 *Tellurium*

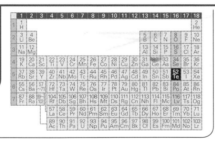

碲

應用碲覆膜的DVD。

碲 是類金屬（metalloid），在空氣中會燃燒。目前已確認對人體具有毒性。碲被使用於陶瓷器與玻璃等的著色劑，是一種稀有元素（稀有金屬）。

此外，碲可透過加熱，進行晶體與非晶體之間的相變，因此使用於可重覆燒錄的DVD等的記錄膜。

基礎資料		小知識	
質子數 52	**豐度**	**元素名稱由來**	**主要同位素**
價電子數 6	**地殼** —　**太陽系** 4.68	拉丁語的「地球」（tellus）。	^{120}Te（0.09%）、^{122}Te（2.55%）、
原子量 127.60	**存在場所** 針碲金礦、碲金礦（美國等）		^{123}Te（0.89%）、^{124}Te（4.74%）、
熔點 449.51	**價格** 103元（每公克）■ 小片	**發現時的故事**	^{125}Te（7.07%）、^{126}Te（18.84%）、
沸點 988	**發現者** 穆勒（Franz-Joseph Müller Freiherr	穆勒在金的礦石中發現未知元素，	^{128}Te（31.74%）、^{130}Te（34.08%）
密度 6.24	von Reichenstein，奧地利）	但無法與銻區分。不久後，克拉普	
	發現年 1782 年	羅特（德國）從中取出單質金屬，	
		並將其命名為碲。	

● 氣體　　● 非金屬：液體　　● 金屬：液體　　▦ 非金屬：固體　　▦ 金屬：固體　　● 地殼中所含的比例

53 I

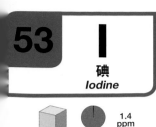

碘
Iodine

1.4 ppm

碘酒

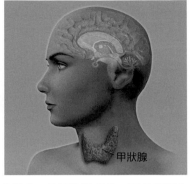
甲狀腺

碘 具有殺菌作用，因此使用於製造消毒藥水碘酒。碘是人體所必須的礦物質之一，甲狀腺激素就是碘的化合物，因此碘對於甲狀腺來說不可或缺，缺碘可能導致甲狀腺障礙。海藻中含有大量的碘。

碘透過食物進入體內，被甲狀腺吸收，而後經過各種化學反應轉變為甲狀腺激素，缺碘將導致甲狀腺激素不足，造成能量代謝與運動機能障礙。

基礎資料		小知識	
質子數 53	**豐度**	**元素名稱由來**	**主要同位素**
價電子數 7	地殼 1.4ppm　太陽系 1.10	希臘語的「紫色」（ioeides）。	¹²⁷I（100%）
原子量 126.90447	存在場所 海水、海藻		
熔點 113.7	（日本、智利、美國等）	**發現時的故事**	
沸點 184.3	價格 6.8元（每公克）★	以硫酸處理海藻灰的溶液時，所得	
密度 4.933	發現者 庫圖瓦（Bernard Courtois，法國）	到的暗紅色晶體。	
	發現年 1811 年		

54 Xe

氙
Xenon

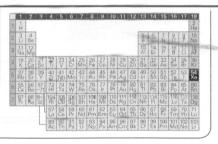

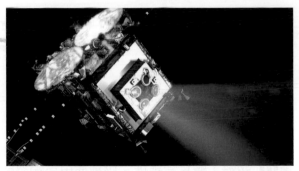

使 用氙氣的氙燈不會發出紫外線，因此被使用於室內日曬設備。

此外，氙也被用來作為離子引擎推進劑。離子引擎高速噴射出氙，透過其反作用力獲得推進力。小行星探測器「隼鳥2號」，就搭載了以氙為推進劑的離子引擎。

「隼鳥2號」於2018年7月抵達小行星「龍宮」，便是由離子引擎協助其正確飛行。隼鳥2號製造出人造的隕石坑洞（crater），成功地同時採集表面物質與地底物質，而這樣的成功世界首見。裝有樣本的膠囊於2020年返回地球，至於隼鳥2號，現在則朝著其他小行星前進。

基礎資料		小知識	
質子數 54	**豐度**	**元素名稱由來**	**主要同位素**
價電子數 0	地殼 —　太陽系 5.37	希臘語的「少見」（xenos）。	¹²⁴Xe（0.095%）、¹²⁶Xe（0.089%）、
原子量 131.293	存在場所 微量存在於空氣中。		¹²⁸Xe（1.910%）、¹²⁹Xe（26.401%）、
熔點 -111.75	價格 —	**發現時的故事**	¹³⁰Xe（4.071%）、¹³¹Xe（21.232%）、
沸點 -108.099	發現者 拉姆賽（蘇格蘭）與特拉弗斯	分離大量的氪時發現。	¹³²Xe（26.909%）、¹³⁴Xe（10.436%）、
密度 0.005894	（英格蘭）		¹³⁶Xe（8.857%）
	發現年 1898 年		

55 Cs

鉋
Caesium

4.9
ppm

鉋

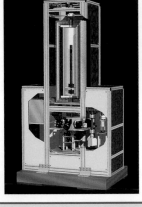

鉋是將德國巴德杜克罕（Bad Duerkheim）礦泉的大量泉水先濃縮，再去除鋰後，經過分光光度分析（spectrophotometric analysis）所發現的元素。其熔點極低，甚至以人類體溫就能將其熔化。此外，鉋也是反應性最高的鹼金屬。2011年日本的「311東日本大地震」中，核電廠因事故而排放出自然界原本不存在的放射性同位素鉋137，造成環境污染。

原子鐘能最精確地計時。

鉋 是屬於鹼金屬的金屬元素，特徵是銀白色且質地柔軟。常溫下會在大氣中氧化，並與水產生劇烈反應。鉋133被使用於原子鐘，採取的特殊方法是將鉋原子封在高真空的腔室中加熱，形成原子束，並以電磁波照射中央，確認鉋原子的頻率。這種方法可以極為正確地測量出1秒，即使經過2000萬年，也不會發生1秒的誤差。鉋原子鐘被使用於全球定位系統（GPS）。

基礎資料

質子數 55	價電子數 1	存在場所 鉋沸石、鋰雲母（加拿大等）	
原子量 132.90545196	熔點 28.5	價格 13778元（每公克）★	
沸點 671	密度 1.843	發現者 本生（德國）與克希何夫（德國）	
豐度		發現年 1860 年	
地殼 4.9ppm	太陽系 0.372		

小知識

元素名稱由來
拉丁語的「藍天」（caesius）。

發現時的故事
將德國巴德杜克罕礦泉的大量泉水

濃縮，並去除鋰後，利用分光光度分析發現。

主要同位素
^{133}Cs（100%）

---

56 Ba

鋇
Barium

628
ppm

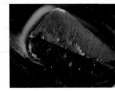

鋇

胃部的X光照片。

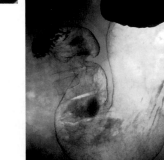

鋇 在空氣中容易氧化，也容易與水及酒精反應，因此保存於石油中。其焰色反應呈現綠色，因此也被使用於煙火。

鋇擁有許多電子，X射線不容易通過。硫酸鋇就因為這樣的性質，被作為胃部X光檢查的顯影劑使用。除了硫酸鋇之外，幾乎所有的鋇化合物都具有強烈毒性。

基礎資料

質子數 56	價電子數 2	存在場所 重晶石、毒重石（中國、印度、美國等）	
原子量 137.327	熔點 727	價格 422元（塊狀，每公克）★	
沸點 1845	密度 3.51	發現者 戴維（英國）	
豐度		發現年 1808 年	
地殼 628ppm	太陽系 4.68		

小知識

元素名稱由來
希臘語的「重」（barys）。

發現時的故事
含鋇礦物自17世紀起即為人所知，後來由戴維製造出單質金屬。

主要同位素
^{130}Ba（0.11%）、^{132}Ba（0.10%）、^{134}Ba（2.42%）、^{135}Ba（6.59%）、^{136}Ba（7.85%）、^{137}Ba（11.23%）、^{138}Ba（71.70%）

● 氣體　　● 非金屬：液體　　● 金屬：液體　　 非金屬：固體　　 金屬：固體　　● 地殼中所含的比例

57 La 鑭
Lanthanum

  31 ppm

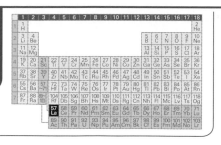

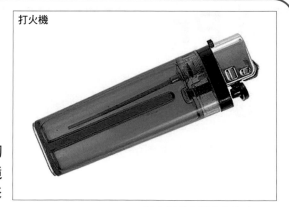

打火機

打火機使用鑭作為打火石。

鑭 被使用於螢光體、雷射、硫與氧的探測器、陶瓷、陶瓷電容、永久磁鐵、電子顯微鏡的電子線源、光學鏡頭、打火機的打火石等。使用鑭的光學鏡頭可得到不會變形的影像。

鑭與鎳的合金具有儲氫能力，可望利用此一特性製造安全儲藏燃料電池的燃料氫容器，使用於油電混合車。

基礎資料		
質子數 57　價電子數 —	存在場所 獨居石、氟碳鈰鑭礦	
原子量 138.90547　熔點 920	（加拿大、中國等）	
沸點 3464　密度 6.162	價格 90元（每公斤）◆	
豐度	氧化鑭	
地殼 31ppm　太陽系 0.457	發現者 莫桑德（瑞典）	
	發現年 1839 年	

小知識
元素名稱由來 　　　　　　　　**主要同位素**
希臘語的「隱藏」（lanthanein）。 　　¹³⁸La（0.08881%）、
¹³⁹La（99.91119%）
發現時的故事
從氧化鈰中分離出鑭的氧化物。

（元素名稱由來欄位旁）主要同位素：^{138}La（0.08881%）、^{139}La（99.91119%）

---

58 Ce 鈰
Cerium

   63 ppm

鈰

太陽眼鏡

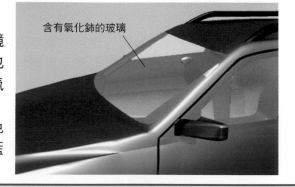

含有氧化鈰的玻璃

氧 化鈰具有吸收紫外線的效果，因此被添加於太陽眼鏡的鏡片與汽車的車窗。此外，鈰與氧的強力結合，也可做為玻璃的研磨劑使用。再者，鈰也能將玻璃的雜質氧化，製造出高透明度的玻璃。

除此之外，氧化鈰也作為釉藥使用，使陶器呈現新的色彩。而鈰也被用於白色發光二極體與坩鍋，以及映像管的藍色螢光體。

基礎資料		
質子數 58　價電子數 —	存在場所 獨居石、氟碳鈰鑭礦	
原子量 140.116　熔點 795	（加拿大、中國等）	
沸點 3443　密度 6.770	價格 360元（每公斤）◆ 氧化鈰	
豐度	發現者 貝吉里斯與希辛格	
地殼 63ppm　太陽系 1.17	（Wilhelm Hisinger）（皆為瑞典）	
	發現年 1803 年	

小知識
取出的鈰氧化物中分離出來。
元素名稱由來
源自於 1801 年發現的小行星穀　　**主要同位素**
神星（Ceres）。 　　　　　　¹³⁶Ce（0.186%）、¹³⁸Ce（0.251%）、
¹⁴⁰Ce（88.449%）、¹⁴²Ce（11.114%）
發現時的故事
從瑞典產的礦物矽鈰石（cerite）

主要同位素：^{136}Ce（0.186%）、^{138}Ce（0.251%）、^{140}Ce（88.449%）、^{142}Ce（11.114%）

59 Pr 鐠 *Praseodymium*

  7.1 ppm

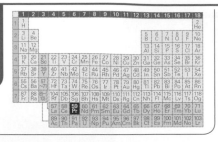

鐠

鐠顏料

鐠 本來是銀白色的金屬，不過在常溫的空氣中，表面會氧化變成黃色。

鐠使用於將陶瓷器著上黃色或黃綠色的釉藥、永久磁鐵的「鐠磁鐵」等。鐠磁鐵的物理強度高，可施行開孔加工，也可加熱、彎曲，且不容易生鏽。

基礎資料

質子數 59	價電子數 —		
原子量 140.90766	熔點 935		
沸點 3520	密度 6.77		
豐度			
地殼 7.1ppm	太陽系 0.178		

存在場所 獨居石、氟碳鈰鑭礦（加拿大、中國等）
價格 1333元（氧化物，粉末，每公克）■
發現者 威爾斯巴赫生（Carl Auer von Welsbach 奧地利）
發現年 1885 年

小知識

元素名稱由來
希臘語的「藍綠」（prasisos）與「雙胞胎」（didymos）。

發現時的故事
從氧化鈰中分離出來的「釹鐠」可分為2種成分，其中一種命名為「鐠」。

主要同位素
141Pr（100%）

---

60 Nd 釹 *Neodymium*

   27 ppm

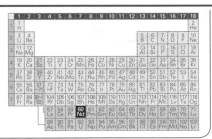

釹

線圈後方裝有磁鐵

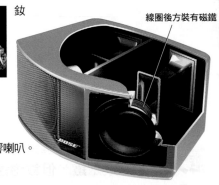

使用釹磁鐵的音響喇叭。

從 氧化鈰分離出來的釹鐠（didymium）含有2種成分，其中一種成分就命名為釹。釹是銀白色的金屬。

釹中添加鐵後，不只鐵的磁矩，就連釹的磁矩也固定為相同方向，因此整體來說可獲得莫大磁力。工業上重要的應用方法，就是製成強大的永久磁鐵 ——「釹磁鐵」。釹磁鐵內建於音響喇叭中，用來將電訊號轉換為振動。此外，也應用於雷射、陶瓷電容等。

基礎資料

質子數 60	價電子數 —		
原子量 144.242	熔點 1024		
沸點 3074	密度 7.01		
豐度			
地殼 27ppm	太陽系 0.871		

存在場所 獨居石、氟碳鈰鑭礦（加拿大、中國等）
價格 889元（每公克）■ 氧化物、粉末
發現者 威爾斯巴赫（奧地利）
發現年 1885 年

小知識

元素名稱由來
希臘語的「新」（neo）和「雙胞胎」（didymos）。

發現時的故事
從氧化鈰中分離出來的「釹鐠」可分為2種成分，其中一種命名為「釹」。

主要同位素
142Nd（27.153%）、143Nd（12.173%）、144Nd（23.798%）、145Nd（8.293%）、146Nd（17.189%）、148Nd（5.756%）、150Nd（5.638%）

● 氣體　　● 非金屬：液體　　◢ 金屬：液體　　▢ 非金屬：固體　　▢ 金屬：固體　　● 地殼中所含的比例

61 Pm 鉕 *Promethium*

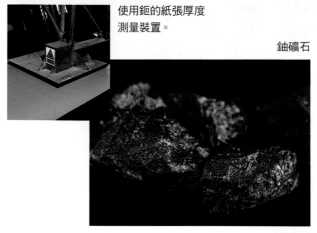

使用鉕的紙張厚度測量裝置。

鈾礦石

鉕 的單質是銀白色的金屬晶體，而且全部都是放射性同位素，在自然界僅微量地存在於鈾礦中。

鉕可作為核能電池的燃料。將放射線轉換成電能的核能電池，能長時間使用，因此被應用於在陽光微弱之處運作的太空探測器。

除此之外，也可使用於時鐘的螢光板，但因安全性問題，目前並未於日本國內生產。

基礎資料

質子數	61	價電子數	—
原子量	(145)	熔點	1042
沸點	3000	密度	7.26
豐度			
地殼	—	太陽系	—
存在場所	—		

價格 —
發現者 馬林斯基 (Jacob A. Marinsky)、葛蘭丁寧 (Lawrence E. Glendenin)、科列爾 (Charles D. Coryell)
發現年 1947 年

小知識

元素名稱由來
希臘神話中的神「普羅米修斯」(Prometheus)。

主要同位素

發現時的故事
從鈾礦所含的核分裂生成物中分離出來，後來確認是新的元素。

---

62 Sm 釤 *Samarium*

4.7 ppm

釤

不易變質的永久磁鐵「釤鈷磁鐵」，用來作為將汽車引擎排放廢氣中所含的一氧化碳氫化等的觸媒。

釤可製成各種永久磁鐵。

釤 主要作為永久磁鐵使用。工業上使用的磁鐵除此之外還有釹磁鐵，但釹磁鐵的主成分是鐵，因此容易生鏽。

含釤的磁鐵價格高昂，所以主要用於鐘錶等小型物品。

此外，放射性的釤147半衰期長（1080億年），因此也應用於遠古時期的年代測定，比方說太陽系形成的時期等。

基礎資料

質子數	62	價電子數	—
原子量	150.36	熔點	1072
沸點	1794	密度	7.52
豐度			
地殼	4.7ppm	太陽系	0.269

存在場所 獨居石、氟碳鈰鑭礦（加拿大、中國等）
價格 889元（氧化物，粉末，每公克）■
發現者 德布瓦博德蘭 (法國)
發現年 1879 年

小知識

元素名稱由來
俄羅斯烏拉山地區產出「鈮釔礦」(samarskite)。

發現時的故事
從鈮釔礦中萃取出來。

主要同位素
^{144}Sm（3.08％）、^{147}Sm（15.00％）、^{148}Sm（11.25％）、^{149}Sm（13.82％）、^{150}Sm（7.37％）、^{152}Sm（26.74％）、^{154}Sm（22.74％）

63 Eu 銪 *Europium*

1 ppm

銪

歐洲的紙幣「歐元」，就印上銪的錯合物，照射紫外線會發出彩色光芒，用以防偽。

銪 是一種稀土元素，作為映像管的紅色螢光體使用。過去的日立彩色電視「Kido（亮度）Color」所使用的映像管，就是因為使用了銪等稀土而得名。

除此之外，銪也被使用於看起來更接近自然色的螢光燈螢光體。

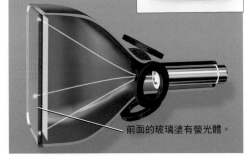

前面的玻璃塗有螢光體。

映像管在液晶普及以前，就已經用於彩色電視了。

基礎資料

質子數	63	價電子數	—
原子量	151.964	熔點	826
沸點	1529		
密度	5.244		
豐度			
地殼	1ppm	太陽系	0.100

存在場所 獨居石、氟碳鈰鑭礦（加拿大、中國等）

價格 889元（氧化物，每公克粉末）■

發現者 德馬塞（Eugène-Anatole Demarçay，法國）

發現年 1896 年

小知識

元素名稱由來
源自於「歐洲」（Europe）。

發現時的故事
從原本以為是釤的物質中，分離出新的能吸收光譜的元素。

主要同位素
¹⁵¹Eu（47.81%）、
¹⁵³Eu（52.19%）

---

64 Gd 釓 *Gadolinium*

4 ppm

釓

釓 在常溫之下也具有強磁性，因此過去使用於MO磁碟等光碟的記錄層。此外也開發出活用元素特性的磁性冷凍法。

此外，釓也用於吸收核反應爐中子的控制材料、磁振造影（MRI）等強調影像濃淡的顯影劑等。

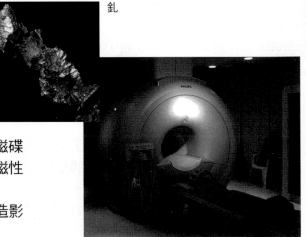

釓也用在為「磁振造影裝置」影像著上濃淡的顯影劑。

基礎資料

質子數	64	價電子數	—
原子量	157.25	熔點	1312
沸點	3273		
密度	7.90		
豐度			
地殼	4ppm	太陽系	0.347

存在場所 獨居石、氟碳鈰鑭礦（加拿大、中國等）

價格 1071元（每公克）★

發現者 馬利納克（瑞士）

發現年 1880 年

小知識

元素名稱由來
源自於稀土元素研究的開拓者「加多林」（Gadolin）。

發現時的故事
從鈮釔礦中分離出 2 種元素，一種是釤，另一種就是釓。

主要同位素
¹⁵²Gd（0.20%）、¹⁵⁴Gd（2.18%）、
¹⁵⁵Gd（14.80%）、¹⁵⁶Gd（20.47%）、
¹⁵⁷Gd（15.65%）、¹⁵⁸Gd（24.84%）、
¹⁶⁰Gd（21.86%）

● 氣體　　　🌢 非金屬：液體　　　🌢 金屬：液體　　　🔲 非金屬：固體　　　🔲 金屬：固體　　　● 地殼中所含的比例

65 Tb 鋱 *Terbium*

  0.7 ppm

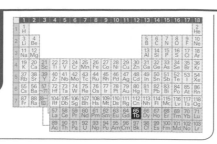

鋱

X光底片的增感劑。

鋱 被應用於彩色電視等的綠色螢光體、光磁材料，以及提高X光攝影底片感光度的增感劑（sensitizer）。

含鋱的合金，具有顯著的磁伸縮（magnetostriction）效果。「磁伸縮」指的是沿著磁化方向伸縮，電動輔助自行車的馬達就是利用這項特性。

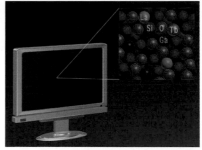
彩色電視的綠色螢光體。

基礎資料

質子數 65　價電子數 ―
原子量 158.925354±0.000007
熔點 1356
沸點 3123
密度 8.23
豐度
地殼 0.7ppm　太陽系 0.0646

存在場所 獨居石、氟碳鈰鑭礦
（加拿大、中國等）
價格 6578元（粉末，每公克）★
發現者 莫桑德（瑞典）
發現年 1843 年

小知識

元素名稱由來
瑞典村莊「伊特比」（Ytterby）。

主要同位素
^{159}Tb（100%）

發現時的故事
將氧化釔分成 3 種成分，從中發現新元素鋱。

---

66 Dy 鏑 *Dysprosium*

  3.9 ppm

鏑

油電混合車的引擎。

鏑 會儲存光能而發光，因此被作為夜光塗料使用。

至於鉛與鏑的合金，則被使用於核反應爐的核廢料放射線遮蔽材料。

再者，油電混合車的耐熱性釹磁鐵中也含有鏑。

使用於避難引導標識。

基礎資料

質子數 66　價電子數 ―
原子量 162.500　熔點 1407
沸點 2567
密度 8.540
豐度
地殼 3.9ppm　太陽系 0.417

存在場所 獨居石、氟碳鈰鑭礦
（加拿大、中國等）
價格 120元
（氧化物，粉末，每公克）■
發現者 德布瓦博德蘭
（法國）
發現年 1886 年

小知識

元素名稱由來
希臘語的「難以取得」（dysprositos）。

發現時的故事
測量吸收光譜時，發現鈥的化合物中混合了其他元素，因此便將其作為新元素命名。

主要同位素
^{156}Dy（0.056%）、^{158}Dy（0.095%）、
^{160}Dy（2.329%）、^{161}Dy（18.889%）、
^{162}Dy（25.475%）、^{163}Dy（24.896%）、
^{164}Dy（28.20%）

徹底介紹118種元素

67 Ho 鈥 Holmium

  0.83 ppm

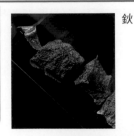

鈥

鈥雷射治療儀以及照射患部的狀態。

 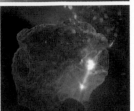

鈥 被使用於醫療領域的「雷射治療儀」。照射在鈥上的光被反射後，在雷射振盪器（laser oscillator）內放大，變成雷射光釋放出來。這種雷射光所產生的熱比其他雷射光少，能減輕患部的損傷。使用鈥雷射的治療中，最為人所知的就是震碎結石以及前列腺切除術。

基礎資料		小知識	
質子數 67　價電子數 —	存在場所 獨居石、氟碳鈰鑭礦	**元素名稱由來**	**主要同位素**
原子量 164.930329±0.000005	（加拿大、中國等）	源自斯德哥爾摩的古名（Holmia）。	¹⁶⁵Ho（100%）
熔點 1461	價格 2933 元		
沸點 2700　密度 8.79	（氧化物，粉末，每公克）■	**發現時的故事**	
豐度	發現者 克里夫（Per Teodor Cleve，瑞典）	將氧化鉺中所含的兩種氧化物分離，	
地殼 0.83ppm　太陽系 0.0912	發現年 1879 年	其中一種命名為氧化鈥。	

68 Er 鉺 Erbium

   2.3 ppm

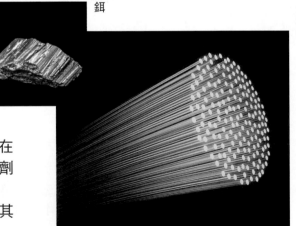

鉺

鉺 被用來當作光纖的材料。即使是長距離的光通訊，在傳輸時也不會減弱光能。氧化鉺則作為玻璃的著色劑使用。

此外，鉺作為醫療雷射，在美容外科的美膚治療領域尤其活躍。

光纖就如同人體的血管，在現代社會中扮演著將資訊迅速傳達至各個角落的重要角色。

基礎資料		小知識	
質子數 68　價電子數 —	存在場所 獨居石、氟碳鈰鑭礦	**元素名稱由來**	**主要同位素**
原子量 167.259　熔點 1529	（加拿大、中國等）	瑞典村莊「伊特比」（Ytterby）。	¹⁶²Er（0.139%）、¹⁶⁴Er（1.601%）、
沸點 2868　密度 9.066	價格 673元		¹⁶⁶Er（33.503%）、¹⁶⁷Er（22.869%）、
豐度	（氧化物，粉末，每公克）■	**發現時的故事**	¹⁶⁸Er（26.978%）、¹⁷⁰Er（14.910%）
地殼 2.3ppm　太陽系 0.257	發現者 莫桑德（瑞典）	將氧化釔中所含的鉺分離出來。	
	發現年 1843 年		

● 氣體　　● 非金屬：液體　　● 金屬：液體　　■ 非金屬：固體　　■ 金屬：固體　　● 地殼中所含的比例

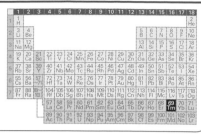

69 Tm
銩
Thulium

0.3 ppm

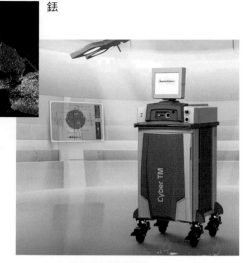

銩

銩 被使用於輻射劑量計（radiation dosimeter），在接收到放射線後加熱，就會發出螢光。

除此之外，銩也被使用於雷射及光纖。銩能將原子序68的鉺無法處理的波段的光增幅，擴大光纖的傳輸量。

Cyber TM 銩雷射手術裝置。

基礎資料

質子數 69	價電子數 —
原子量 168.934219±0.000005	
熔點 1545	
沸點 1950	密度 9.32
豐度	
地殼 0.3ppm	太陽系 0.0407

存在場所	獨居石、氟碳鈰鑭礦（加拿大、中國等）
價格	12822 元（粉末‧每公克）★
發現者	克里夫（瑞典）
發現年	1879 年

小知識

元素名稱由來
歐洲傳說中極北之地的圖勒「Thule」。

主要同位素
^{169}Tm（100%）

發現時的故事
從低純度的鉺中，與鈥一同被分離出來。

---

70 Yb
鐿
Ytterbium

2 ppm

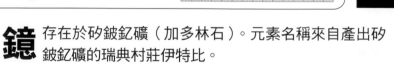

鐿

鐿 存在於矽鈹釔礦（加多林石）。元素名稱來自產出矽鈹釔礦的瑞典村莊伊特比。

鐿被使用於將玻璃著上黃綠色的色素、雷射、電容、合金添加劑等。

矽鈹釔礦除了鐿之外，也含有鈰、鑭、釹等，是非常罕見的礦物。

基礎資料

質子數 70	價電子數 —
原子量 173.045	熔點 824
沸點 1196	密度 6.90
豐度	
地殼 2ppm	太陽系 0.257

存在場所	獨居石、氟碳鈰鑭礦（加拿大、中國等）
價格	800元（每公克）■ 氧化物粉末
發現者	馬利納克（瑞士）
發現年	1878 年

小知識

元素名稱由來
瑞典的村莊「伊特比」（Ytterby）。

發現時的故事
從低純度的鉺中分離出來。

主要同位素
^{168}Yb（0.123%）、^{170}Yb（2.982%）、
^{171}Yb（14.086%）、^{172}Yb（21.686%）、
^{173}Yb（16.103%）、^{174}Yb（32.025%）、
^{176}Yb（12.995%）

71 Lu

鎦
Lutetium

  0.31 ppm

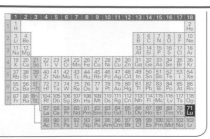

鎦

含鎦的獨居石。

鎦 與釔同樣都是地球上為數稀少的「稀土元素」。鎦的分離步驟繁瑣、價格高昂，幾乎不會在工業上使用。目前使用於正子發射斷層攝影術（positron emission tomography，PET）裝置的閃爍器（scintillator）。

此外，鎦的放射性同位素也被使用於年代測定。

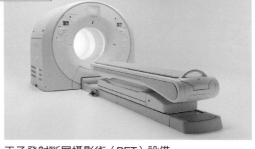

正子發射斷層攝影術（PET）設備

基礎資料		小知識	
質子數 71　價電子數 —	存在場所 獨居石、氟碳鈰鑭礦 （加拿大、中國等）	**元素名稱由來** 巴黎的古名「lutecia」。	**主要同位素** ¹⁷⁵Lu（97.401%）、¹⁷⁶Lu（2.599%）
原子量 174.9668　熔點 1652	價格 31333元（粉末，每公克）★		
沸點 3402	發現者 奧爾（Carl Auer von Welsbach，奧地利）	**發現時的故事**	
密度 9.841	發現年 1905 年	已知是由多個人在幾乎同時期發現。	
豐度			
地殼 0.31ppm　太陽系 0.0380			

72 Hf

鉿
Hafnium

  5.3 ppm

鉿

核反應爐內呈現控制棒夾在燃料棒中間的配置。

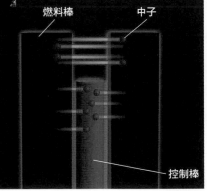

燃料棒　　　中子

控制棒

鉿 的單質是銀色、沉重的金屬，富有延性。除了使用於渦輪葉片之外，因中子吸收率高，也被應用於核反應爐的控制棒。

鉿的化學性質與鋯相似，很難將兩者分離。但鋯的中子吸收率低，與鉿形成對比。

渦輪葉片

基礎資料		小知識	
質子數 72　價電子數 —	存在場所 鋯石、斜鋯石 （美國等）	**元素名稱由來** 哥本哈根的拉丁名「Hafnia」。	**主要同位素** ¹⁷⁴Hf（0.16%）、¹⁷⁶Hf（5.26%）、
原子量 178.486　熔點 2233	價格 933 元（每公克）★		¹⁷⁷Hf（18.60%）、¹⁷⁸Hf（27.28%）、
沸點 4603	發現者 柯斯特（Dirk Coster，荷蘭）、	**發現時的故事**	¹⁷⁹Hf（13.62%）、¹⁸⁰Hf（35.08%）
密度 13.31	赫維西（Georg Hevesy，匈牙利）	鉿與鋯的性質極為相似，難以與鋯分	
豐度	發現年 1924 年	離，因此很晚才被發現。	
地殼 5.3ppm　太陽系 0.158			

 氣體　　 非金屬：液體　　金屬：液體　　非金屬：固體　　金屬：固體　　地殼中所含的比例

73 Ta

鉭
Tantalum

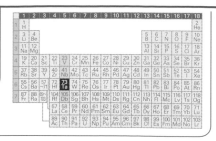

  0.9 ppm

鉭

鉭 的單質是具光澤的灰色金屬，外觀與鉑相似。其質地堅硬且富延性，相當容易加工。熔點為金屬單質中第4高，耐酸性極強。

鉭對人體無害，因此使用於人工骨骼與植牙治療。在植牙治療時，使用含鉭或鈦的螺絲，將假牙鎖進下顎，而這種螺絲就稱為「人工牙根」。除此之外，鉭也作為電解電容器（electrolytic condenser）等電子零件，使用於手機與電腦等小型電子儀器中。

基礎資料

質子數	73
價電子數	—
原子量	180.94788
熔點	3017
沸點	5458
密度	16.69
豐度	
地殼	0.9ppm
太陽系	0.0234
存在場所	鈮鐵礦、釔鉭礦（澳洲等）
價格	13 元（塊狀及粉末狀，每公克）◆
發現者	埃克貝格（Anders Ekeberg，瑞典）
發現年	1802 年

小知識

元素名稱由來
希臘神話「佛里幾亞」（Phrygia）的國王「坦塔羅斯」。

發現時的故事
埃克貝格所發現的物質，後來被證實是與性質非常相似的鈮混合物。

主要同位素
^{180}Ta（0.01201%）、
^{181}Ta（99.98799%）

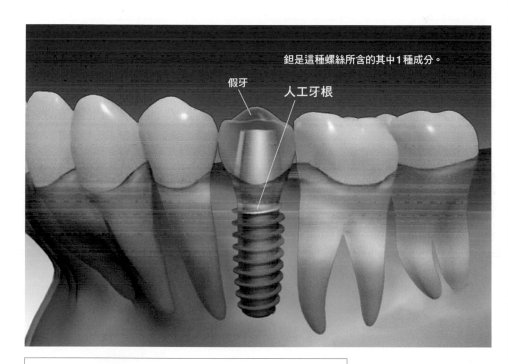

鉭是這種螺絲所含的其中1種成分。

假牙   人工牙根

鈮鐵礦是在鈮與鉭的氧化物彼此交融的狀態下產出。

74 W

鎢
Tungsten

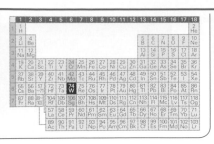

鎢

1.9 ppm

鎢 具有所有金屬中最高的熔點，蒸氣壓也低，能加工成細線，因此使用於白熾燈泡的燈絲。

此外，鎢也是非常堅硬沉重的金屬，添加鎢的鋼鐵能用來製造鑽頭。含有碳與鎢的化合物——硬質合金，被作為切削工具的材料使用。

鎢之所以使用「W」作為元素符號，是因為含鎢的礦石在德文中稱為「wolfart」，而鎢就從這種礦石中首度分離出來，因此這種元素就被稱為「wolfram」。

基礎資料

質子數	74
價電子數	—
原子量	183.84
熔 點	3422
沸 點	5555
密 度	19.25

豐度
地 殼	1.9ppm
太陽系	0.138
存在場所	黑鎢礦、白鎢礦（中國、加拿大、俄羅斯等）
價 格	1140 元（粉末，每公斤）◆
發現者	席勒（瑞典）
發現年	1781 年

小知識

元素名稱由來
瑞典語的「重石」（tungsten）。

發現時的故事
從白鎢礦的礦石中，分離出新的氧化物。

主要同位素
^{180}W（0.12%）、^{162}W（26.50%）、^{183}W（14.31%）、^{184}W（30.64%）、^{186}W（28.43%）

因燈絲而發光的燈泡。

燈絲

含鎢的黑鎢礦（鎢錳鐵礦）。

● 氣體　　🝆 非金屬：液體　　🝆 金屬：液體　　◻ 非金屬：固體　　▦ 金屬：固體　　● 地殼中所含的比例

75 Re
銔
Rhenium

  0.000198 ppm

火箭引擎

銔

鎢銔合金製成的金屬絲「Rheni-
tung®」，被使用於高溫用的溫度
測定熱電偶。

銔 的熱傳導率大，因此對於用於高溫測定所使用的銔合金熱電偶（thermocouple）不可或缺。

此外，銔也是燈絲與氫化觸媒（hydrogenation catalyst）的材料。至於鎢銔合金則被應用於航太產業等。

銔在地殼的含量稀少，僅微量存於輝鉬礦中。過去小川正孝發表的原子序43元素「Nipponium」（Np）其實就是銔。

基礎資料		
質子數 75　價電子數 —	存在場所 輝鉬礦（智利、美國等）	
原子量 186.207　熔點 3186	價格 46元（每公克）◆粒狀（99.99%）	
沸點 5596　密度 21.02	發現者 諾達克（Walter Noddack）、	
豐度	塔克（Ida Tacke）、伯格	
地殼 0.000198ppm	（Otto Berg）（皆為德國）	
太陽系 0.0562	發現年 1925 年	

小知識	
元素名稱由來	**主要同位素**
源自萊茵河（Rhein）。	^{185}Re（37.40%）、
	^{187}Re（62.60%）
發現時的故事	
門得列夫預言的元素。從矽酸鹽礦物中分離出來。	

76 Os
鋨
Osmium

  0.000031 ppm

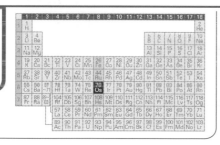

鋨

鋼筆。

鋨 是藍白色的金屬，比重最大，容易氧化，屬於稀有元素（稀有金屬）之一。

鋨與銥在合金狀態下從鉑礦中分離出來，這種合金不受酸鹼侵蝕，因此也使用於鋼筆的筆尖。

四氧化鋨在常溫下會揮發，具有強烈的氣味與毒性。

基礎資料		
質子數 76　價電子數 —	存在場所 鉑礦（南非、加拿大、俄羅斯等）	
原子量 190.23　熔點 3033	價格 11000 元（每公克）■ 粉末	
沸點 5012　密度 22.59	發現者 田南特	
豐度	（Smithson Tennant，英格蘭）	
地殼 0.000031ppm	發現年 1803 年	
太陽系 0.692		

小知識	
元素名稱由來	**主要同位素**
希臘語的「臭味」（osme）。	^{184}Os（0.02%）、^{186}Os（1.59%）、
	^{187}Os（1.96%）、^{188}Os（13.24%）、
發現時的故事	^{189}Os（16.15%）、^{190}Os（26.26%）、
使用濃鹽酸與濃硝酸溶解含鉑礦物時產生黑色殘渣，從中發現了鋨與銥。	^{192}Os（40.78%）

77 Ir

銥
Iridium

 0.000022 ppm

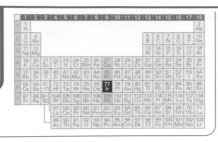 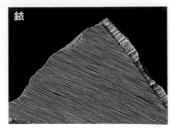

直到2019年，鉑銥合金都還被用於國際公斤原器（prototype kilogram）。此外也被用來製作長笛等樂器。銥的放射性同位素銥192，被使用於癌症的放射線治療。

銥 在地球上是非常稀少的金屬，屬於稀有元素（稀有金屬）之一。銥的單質雖然不易腐蝕，卻因為缺乏延性與展性，不容易加工，幾乎沒有單獨的用途。

不過，銥合金非常堅硬，且耐熱性優異，因此被使用於汽車的火星塞（銥火星塞）。

銥在約6550萬年前，恐龍滅絕時期的地層（K-Pg分界，中生代白堊紀與新生代古近紀之間）中發現。銥在地球上的含量雖少，卻大量存在於隕石中。科學家基於這點，推測恐龍是因為太空中墜落的隕石而滅絕。

銥合金使用於銥火星塞中心電極的尖端（左圖紅圈部分）。銥火星塞是幫助汽車引擎點火的火星塞。銥具備優異的硬度與強度，因此在顧及耐用性的同時，能將電極做得很細，也具備高度的著火性，並能減輕放電電壓。使用銥火星塞可以提高著火性，因此具有改善引擎啟動效率、減少怠速時的不穩定性、提高燃油效率等優點。

基礎資料

質子數	77
價電子數	—
原子量	192.217
熔點	2446
沸點	4428
密度	22.56
豐度	
地殼	0.000022ppm
太陽系	0.646
存在場所	銥銥礦（與銥的合金）（南非、阿拉斯加、加拿大等）
價格	3818元（氧化物，粉末，每公克）■
發現者	田南特（英格蘭）
發現年	1803 年

小知識

元素名稱由來
希臘神話中的彩虹女神「伊莉絲」（Iris）。

發現時的故事
使用濃鹽酸與濃硝酸處理含鉑礦物後產生黑色殘渣，從中發現了鋨與銥。

主要同位素
^{191}Ir（37.3%）、^{193}Ir（62.7%）

從被認為是恐龍滅絕年代的地層中，發現了大量的銥。此外，隕石中也含有豐富的銥。這些成為巨大隕石撞擊地球，導致恐龍滅絕的假說證據之一。

● 氣體　　● 非金屬：液體　　● 金屬：液體　　■ 非金屬：固體　　■ 金屬：固體　　● 地殼中所含的比例

78 Pt

鉑
Platinum

  0.0005 ppm

鉑

鉑 又名「白金」，這是因為鉑在歐洲被稱為「white gold」。但飾品常見的白金，指的是以金為基礎的合金，與鉑並不相同。

天然的鉑產自礦石，主要生產國為南非共和國與俄羅斯，光這兩國的產量就約占了全世界的80％。鉑呈現美麗的銀白色，是廣為人知的裝飾品，作為催化劑也具備優異的能力，被使用於石油精煉、將其氨氧化製造硝酸、淨化汽車廢氣，以及燃料電池用的催化劑等。

此外，鉑不易腐蝕，因此也作為鋼筆的筆尖與長笛的材料使用。鉑銥合金曾使用於國際公斤原器。至於醫療領域，鉑化合物中的「順鉑」（cisplatin），則作為癌症的治療藥物使用。

基礎資料

質子數	78
價電子數	—
原子量	195.084
熔點	1768.3
沸點	3825
密度	21.45
豐度	
地殼	0.0005ppm
太陽系	1.29
存在場所	砂鉑礦、硫鉑礦、砷鉑礦（南非、俄羅斯、美國等）
價格	838 元（鉑錠，每公克）◆
發現者	—
發現年	—

小知識

元素名稱由來
西班牙語的「小銀」（platina）。

發現時的故事
自古以來即為人所用。據說首度發現這是新元素的是烏略亞（Antonio de Ulloa，西班牙）。

主要同位素
^{190}Pt（0.012％）、^{192}Pt（0.782％）、^{194}Pt（32.864％）、^{195}Pt（33.775％）、^{196}Pt（25.211％）、^{198}Pt（7.356％）

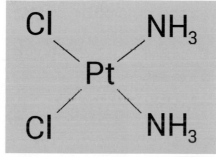

順鉑的化學式。具有鉑原子的抗癌藥物被歸類為「鉑類藥物」。

鉑類藥物除了順鉑之外，還有卡鉑（carboplatin）、奈達鉑（nedaplatin）等，名稱最後都有個「鉑」。

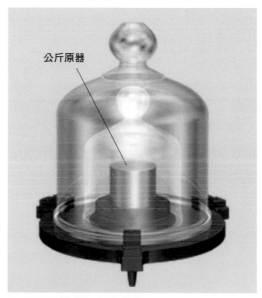
公斤原器

公斤原器已經於2019年停用。

綻放美麗光澤的鉑金戒指。

0.0015 ppm

整齊排列的金原子

金原子

倘若將金製品放大來看，就能看到許多金原子整齊排列的景象。最外側的電子在整齊排列的金原子之間自由移動，藉此將金原子結合在一起。即使施力改變金原子的配置，自由電子也能自由移動。因此金容易變形，不易破碎（這點也可說是金屬元素普遍的性質，頂多只有程度之別）。

「金」自古以來就是高價金屬元素的代表。在自然界以單質型態產出的金屬中，金是唯一帶著金黃色光澤的金屬，由於不容易被腐蝕，因此也不會失去光澤。再者，金在地殼中的豐度不到銅的萬分之1，基於稀少性的緣故，自古以來就被當成是財富的象徵。

而古代的金製品中，最有名的就是古埃及法老王圖坦卡門（Tutankhamun）的黃金面具。除此之外，目前已知古代美索不達米亞、特洛伊、克里特、愛琴海以及中國等地也都會使用金製品。13～16世紀曾在南美盛極一時的印加帝國，也具備金的加工技術。至於日本所保留最古老的古代金製品，是西元57年東漢光武帝（西元前6～西元57）贈送的金印。

遠在科學技術發達之前，人們就已經製造了無數的金製品。由此也能知道，金是容易加工的金屬。如果將其敲薄，可以製成厚0.0001毫米以下的金箔；將其拉細，1公克的金可製成3000公尺長的金線。

而金的用途不僅止於工業產品，在醫療領域中，金也是珍貴的材料，例如抗風濕的藥物中就含有金。

人們對金的嚮往，催生了中世紀歐洲的煉金術。雖然並未能成功鍊出黃金，但化學卻因為煉金術而大幅進步。而現代就理論上來說，也已經能藉由核反應製造出金了。

金

金被使用於裝飾品、金箔、金線、抗風濕藥物等。

金也被使用於電子產業

電流容易通過（導電）也是金的特性之一。雖然傳導率比不上銅與銀，仍比一般金屬高。再加上不易腐蝕、製成合金能提高強度等性質，使用於電子電路，並應用在各種電子產品上。舉例來說，智慧型手機的積體電路中就含有金。由此可知，金固然是自古以來就被視為珍寶的貴金屬，但如果只是少量，日常生活也隨處可見。

金線

積體電路。

至今依然光亮如新的黃金面具

自古以來，金就被視為尊貴的象徵，理由之一就是其金黃色的光澤。西元前1362～前1352年左右統治埃及的法老王圖坦卡門（生卒年不詳），其木乃伊上就戴著黃金面具。這個面具至今依然閃耀著金黃色的光澤，讓人們為之著迷。

話說回來，金為什麼會呈現金黃色呢？

一般來說，金屬中的自由電子都會反射光線，但有些也會吸收特定波長的光並改變軌域，金與銅的自由電子就是如此。金會吸收相當於可見光中藍色到紫色的光，並將其餘紅色到黃色的光反射出去，因此反射光看起來就呈現金黃色。在為數眾多的金屬中，只有金具有這個吸收範圍。

基礎資料

質子數	79
價電子數	
原子量	196.966570
熔 點	1064.18
沸 點	2856
密 度	19.30
豐 度	
地 殼	0.0015ppm
太陽系	0.195
存在場所	天然金（南非等）
價 格	1444 ～ 1756 元（每公克）
	純金條的市場交易價格
發現者	—
發現年	—

小知識

元素名稱由來

元素符號 Au 來自拉丁語的「太陽光芒」（Aurum）。英語名稱 Gold 則來自印歐語的「黃金」（geolo）。

發現時的故事

自古以來即為人所知的元素之一。

主要化合物 —

主要同位素

^{197}Au（100%）

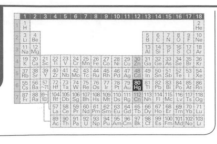

0.05 ppm

汞

溫度計

汞 俗稱水銀，是常溫（15～25℃，《日本藥典》）下唯一呈液態的金屬元素。水銀這個名稱，就源自於呈液態，且具有銀一般的白色光澤。汞在日常生活中，使用於溫度計、體溫計與螢光燈等。

此外，汞化合物一直以來都被作為消毒藥劑使用，但普遍具有強烈毒性，現在幾乎不使用了。

1950年代，日本熊本縣水俁市等地區發生的公害水俁病，就是甲基汞造成的環境污染所引起的中毒性神經疾病。

古代中國似乎將汞視為長生不老藥，據說秦始皇的皇陵底下，就有一片水銀之海。

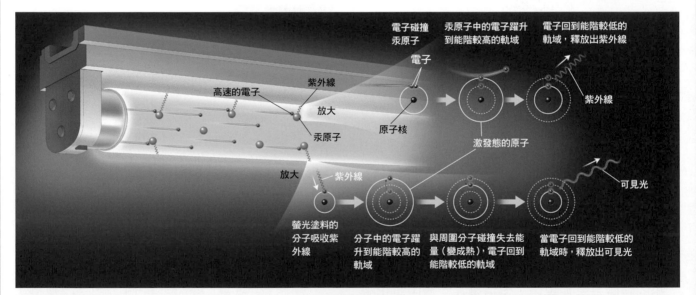

螢光燈的發光原理 螢光燈內部幾乎呈真空狀態，施加電壓就會從電極飛出電子。電子與玻璃管中封入的汞原子碰撞，如此一來，汞原子就會受到激發，變成高能階狀態，當其恢復原本的能階狀態（基態，ground state），便會釋放出波長253奈米的紫外線。該紫外線被塗在螢光燈內壁的螢光塗料吸收，使得塗料中的分子因吸收紫外線而激發，當其恢復基態時，就會釋放出可見光。

基礎資料		小知識	
質子數 80	**豐度**	**元素名稱由來**	**主要同位素**
價電子數 —	地殼 0.05ppm　太陽系 0.457	羅馬神話的商業之神「墨丘利」	^{196}Hg（0.15%）、^{198}Hg（10.04%）、
原子量 200.592	存在場所 天然汞、辰砂等	（mercurius）。	^{199}Hg（16.94%）、^{200}Hg（23.14%）、
熔點 -38.8290	（西班牙、俄羅斯等）		^{201}Hg（13.17%）、^{202}Hg（29.74%）、
沸點 356.73	價格 26元（每公克）★	**發現時的故事**	^{204}Hg（6.82%））
密度 13.534	發現者 —	自古以來即為人所知的元素之一。	
	發現年 —		

● 氣體　　　● 非金屬：液體　　　● 金屬：液態　　　■ 非金屬：固體　　　■ 金屬：固體　　　● 地殼中所含的比例

81 Tl

鉈
Thallium

0.9 ppm

鉈

心肌灌流掃描影像

鉈 在常溫下是銀白色的柔軟金屬，外觀、性質皆與鉛極為相似。鉈普遍具有高毒性，過去被用來毒鼠驅蟲，但現在已經不使用了。

鉈的放射性同位素被使用於心肌血流的檢查，但這時使用的鉈十分微量，沒有中毒之虞。此外，鉈與汞的合金熔點比汞還低，被應用於極地溫度計。

基礎資料

質子數 81	價電子數 3

原子量 204.382 ～ 204.385
熔點 304　沸點 1473
密度 11.85
豐度
地殼 0.9ppm　太陽系 0.182

存在場所 硒鉈銀銅礦、紅鉈礦（美國等）
價格 436 元（粒狀，每公克）★
發現者 克魯克斯（William Crookes，英格蘭）、拉米（Claude-Auguste Lamy，法國）
發現年 1861 年

小知識

元素名稱由來
希臘語的「綠色枝椏」（thallos）。

發現時的故事
克魯克斯與拉米兩人同時發現，雙方祖國都爭論自己才是「發現者」。

主要同位素
²⁰³Tl（29.44％ ～ 29.59％）、
²⁰⁵Tl（70.41％ ～ 70.56％）

---

82 Pb

鉛
Lead

17 ppm

鉛

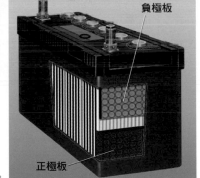

負極板

正極板

鉛蓄電池的構造。

鉛 與鉛的化合物，自古以來在埃及、中國、印度及羅馬就被當成顏料與醫藥品使用。

鉛的特徵是呈灰黑色，但這是在空氣中氧化後的顏色，原本是具有光澤的白色。鉛的熔點低、柔軟，因此容易加工。

鉛被使用於鉛蓄電池的電極，作為汽車的電池發揮重要的作用。

此外，二氧化矽與氧化鉛混合製成的鉛玻璃，則作為遮蔽輻射之用。而鉛與錫的合金就是「焊料」，屬於低熔點合金，廣泛用於連接電子零件、水管配線等用途。

基礎資料

質子數 82	價電子數 4

原子量 206.14 ～ 207.94
熔點 327.46
沸點 1749　密度 11.34
豐度
地殼 17ppm　太陽系 3.39

存在場所 方鉛礦、白鉛礦等（澳洲、中國等）
價格 63 元（鉛塊，每公斤）◆
發現者 ―
發現年 ―

小知識

元素名稱由來
元素符號 Pb 是拉丁語的「鉛」（plumbum）。

發現時的故事
自古即為人所知的金屬之一。

主要同位素
²⁰⁴Pb（1.4％）、²⁰⁶Pb（24.1％）、
²⁰⁷Pb（22.1％）、²⁰⁸Pb（52.4％）

83 **Bi** 鉍 *Bismuth*

  0.16 ppm

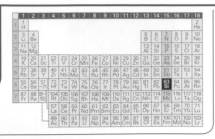

鉍

鉍 是具有銀白色光澤的金屬（類金屬），質地柔軟且非常易碎。

鉍以含鉍氧化物（鉍、鉛、鍶、鈣、銅和氧的化合物）的形式，使用於「超導電纜」（superconducting cable）。透過這種電纜傳輸的直流電沒有電阻，具有送電零耗損的優點，但目前仍不清楚這項優點與鉍的哪項特質有關。若使用超導電纜連結全世界的「全球超導電力網」完成，就可望能將電從大規模太陽能發電的沙漠等地，毫無耗損地將電力運送到世界各地。

此外，鉍也使用於火災灑水器的金屬配件，以及胃潰瘍與十二指腸潰瘍等疾病的治療藥物。

5mm
1/4"

將鉍錠溶化後立刻緩慢冷卻，就能形成照片中的美麗晶體。表面如彩虹般的絢爛色澤，是非常薄的氧化層。

基礎資料

質子數 83		價電子數 5	
原子量 208.98040		熔點 271.5	
沸點 1564		密度 9.78	
豐度			
地殼 0.16ppm		太陽系 0.138	
存在場所 輝鉍礦、鉍華等（中國、澳洲等）			
價格 107元			

（氧化物，粉末，每公克）■

發現者 若弗魯瓦（Claude François Geoffroy，法國）

發現年 1753 年

小知識

元素名稱由來
拉丁語的「熔化」（bisemutum）。

發現時的故事
長久以來都與鉛、錫、銻等混在一起，18世紀才知道是單質金屬。

主要同位素
^{209}Bi（100％）

安裝在天花板上的火災用灑水器。

火災用灑水器的主體。

作為止瀉藥劑使用的次硝酸鉍。

● 氣體　　● 非金屬：液體　　● 金屬：液體　　■ 非金屬：固體　　■ 金屬：固體　　● 地殼中所含的比例

84 Po

釙
Polonium

含釙的方鈾礦。釙沒有穩定的同位素，自然界中半衰期最長的同位素為釙210，半衰期約138.38天。釙能釋放出α射線（氦原子核的高速粒子流）。α射線的穿透力低，若打進人體內部，將直接傷害內臟與組織細胞，相當危險。而釙也使用於核能電池等。

釙 是銀白色的金屬（類金屬），不存在穩定的同位素，現在已知具有強烈毒性。

釙是居禮夫婦最早發現的元素，由居禮夫人命名，這個名稱中蘊含了她強烈的情感。

居禮夫人最後以物理學者的身分，與丈夫在巴黎度過餘生。然而在1897年時，她的祖國波蘭受到俄羅斯帝國統治，波蘭人在各地發起解放運動，她自己也曾有一段時間投入運動。而她對祖國的情感，就展現在這個原子的名稱上。至於釙的用途，舉例來說有核能電池。

基礎資料

質子數	84
價電子數	6
原子量	（210）
熔點	254
沸點	962
密度	9.196（α）
豐度	
地殼	—
太陽系	—
存在場所	鈾礦（加拿大、澳洲等）
價格	—
發現者	居禮夫婦（法國）
發現年	1897 年

小知識

元素名稱由來
來自波蘭（Poland）。

發現時的故事
從在鈾礦抽取出在化學上具強烈放射性的物質的實驗中分離出來。

主要同位素 —

居禮

居禮夫人

85 At
砈
Astatine

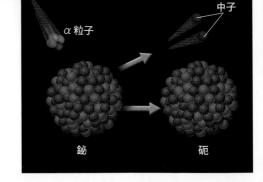

發現砈的賽格瑞。

砈由 α 粒子撞擊鉍生成。

α 粒子

中子

鉍

砈

砈 不存在穩定的同位素，半衰期也短，元素名稱砈來自希臘語的「不穩定」（astatos）。

砈目前處於研究階段，尚未有實際用途，但由於會釋放出對細胞具殺傷力的高能α射線，因此可望應用於癌症治療。

若要將砈應用於治療癌症，就需要將其運送至細胞的「載體」（carrier）。目前正在進行載體的研究。

基礎資料		
質子數 85	地 殼 — 太陽系 —	
價電子數 7	存在場所 人造元素	
原子量 （210）	價 格 —	
熔點 —	發現者 科森（Dale R. Corson）、麥肯齊（Kenneth Ross MacKenzie）（皆為美國）、賽格瑞（義大利）	
沸點 —		
豐度 —	發現年 1940 年	

小知識	
元素名稱由來 希臘語的「不穩定」（astatos）。	**主要同位素** —
發現時的故事 以迴旋加速器加速 α 射線撞擊鉍，得到新的放射性元素。	

86 Rn
氡
Radon

檢驗無色無味的氡的裝置。

日本秋田縣玉川溫泉以氡溫泉而聞名，圖為溫泉的噴氣孔。現在雖然知道氡是一種溫泉成分，但其醫學效果尚有許多未知部分。

氡 是屬於惰性氣體的無色氣體，不存在穩定同位素，全部都是放射性同位素。因此是一種具有強烈放射能的危險元素。

氡一直以來都被使用於非破壞性檢查與癌症治療，但因為不容易處理，現在已經由其他放射性物質取代。

目前已知某些溫泉及地下水中溶有氡，但其醫學作用尚未得到科學上的證實。

基礎資料		
質子數 86	豐 度	
價電子數 0	地 殼 — 太陽系 —	
原子量 （222）	存在場所 在鐳衰變的過程中產生。	
熔點 -71	價 格 —	
沸點 -61.7	發現者 多恩（Friedrich Ernst Dorn，德國）	
密度 0.00973	發現年 1900 年	

小知識	
元素名稱由來 來自鐳（Radium）。	就是該放射性的真相。
發現時的故事 居禮夫婦發現鐳接觸的空氣具有放射性。之後多恩發現鐳衰變後產生的氡	**主要同位素** —

● 氣體　　● 非金屬：液體　　● 金屬：液體　　■ 非金屬：固體　　■ 金屬：固體　　● 地殼中所含的比例

87 Fr 鍅 Francium

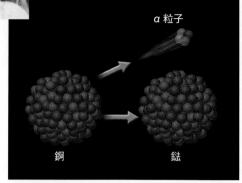

鍅由法國居禮研究所的佩里（Marguerite Catherine Perey，1909～1975）所發現，其名稱源自於佩里的祖國法國。左為佩里的照片。

α 粒子

鋼　　　　　鍅

鍅由錒衰變生成。

鍅 是屬於鹼金屬的金屬元素。是一種存在於自然界的放射性元素，半衰期非常短，存在量也不高，沒什麼實際作用，其化學性質也幾乎成謎。

　　鍅在週期表中是質量最大的鹼金屬，作為錒衰變所生成的放射性元素而被發現。沒有穩定的同位素，半衰期最長的同位素鍅233，半衰期約21.8分鐘。

基礎資料

質子數 87　　　存在場所 鈾礦（加拿大、俄羅斯等）
價電子數 1
原子量（223）　熔點 —　　價格 —
沸點 —　密度 —　　發現者 佩里（法國）
豐度　　　　　　發現年 1939 年
地殼 —　太陽系 —

小知識

元素名稱由來　　　　**主要同位素**
源自於法國（France）。

發現時的故事
錒衰變生成放射性元素，而後發現是新元素。

88 Ra 鐳 Radium

鐳溫泉

居禮

居禮夫人

鐳 不存在穩定同位素，全都是放射性同位素。鐳是在1898年由居禮夫婦發現。居禮夫人因暴露於鐳的輻射下，而死於白血病。此外，美國的鐘錶工廠使用鐳作為鐘錶的夜光塗料，導致工廠員工接二連三罹患癌症。鐳也作為放射線源使用於放射線治療，但現在已經幾乎沒有工業上的用途。

　　鐳溫泉是含有鐳衰變而成的含氡溫泉，但科學上並不清楚其效用。

基礎資料

質子數 88　價電子數 2　　存在場所 鈾礦（加拿大、俄羅斯等）
原子量（226）熔點 700　　價格 —
沸點 1737　密度 5.5　　發現者 居禮夫婦（法國）
豐度　　　　　　發現年 1898 年
地殼 —　太陽系 —

小知識

元素名稱由來　　　　與鋇類似的新元素。
拉丁語的「放射線」（radius）。　**主要同位素** —

發現時的故事
從鈾礦中分離出放射性比鈾強，性質

89 Ac
鉲
Actinium

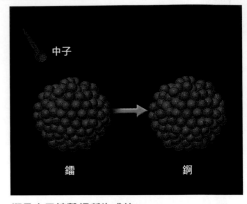

中子

鐳　　　　　鉲

鉲是中子撞擊鐳所生成的。

鉲 是具有放射性的銀白色金屬元素，在暗處會發出藍白色的光芒，作為天然存在的放射性元素，微量存在於鈾礦中。

鉲能釋放出中子，因此作為中子源（neutron source）使用。沒有穩定同位素，半衰期最長的同位素為鉲227，半衰期約21.77年。除了研究之外，沒有其他用途。

鉲的發現者德比埃爾內（André-Louis Debierne，1874～1949）是居禮夫婦的好友。

基礎資料					小知識
質子數 89	沸點 —		存在場所 鈾礦（加拿大等）		主要化合物 —
價電子數 —	密度 —		價格 —		主要同位素 —
原子量 （227）	豐度		發現者 德比埃爾內（法國）		
熔點 —	地殼 —		發現年 1899 年		
	太陽系 —				

---

90 Th
釷
Thorium

10.5 ppm

瓦斯燈的燈芯（發光體）纖維中就含有釷（使用時設有一定的限制）。

釷的矽酸鹽礦物 —— 釷石。

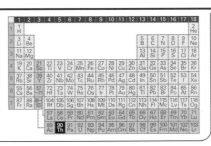

釷 的同位素全部具有放射性，沒有穩定的同位素。釷是銀白色的金屬，其表面在常溫的空氣中會形成一層氧化薄膜，因此內部並不會氧化。

釷的存在量豐富，因此考慮將其使用於核能發電。除此之外，熔點高、耐火性優異的二氧化釷，被作為坩堝的材料使用。半衰期最長的同位素釷232，半衰期約140億年。

基礎資料					小知識
質子數 90	沸點 4788		存在場所 獨居石、釷石		主要化合物 —
價電子數 —	密度 11.724		（加拿大、澳洲等）		主要同位素
原子量 232.0377	豐度		價格 —		^{230}Th（0.02%）、^{222}Th（99.98%）
熔點 1750	地殼 10.5ppm		發現者 貝吉里斯（瑞典）		
	太陽系 0.0335		發現年 1828 年		

● 氣體　◗ 非金屬：液體　◖ 金屬：液體　⬛ 非金屬：固體　⬛ 金屬：固體　● 地殼中所含的比例

91 Pa

鏷
Protactinium

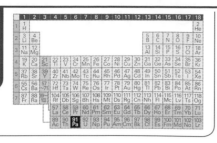

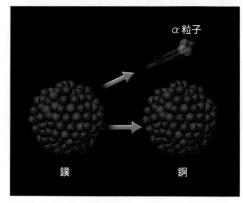

α 粒子

鏷　　　　錒

鏷經過 α 衰變而變成錒。

鏷 是放射性元素，現在已知具有31種同位素，其中3種存在於自然界，其他則由人工製造，這當中沒有穩定的同位素。

　　鏷衰變之後會變成錒（actinium），因此被命名為「protactinium」（錒的前身之意）。鏷的化學性質與鉭相似。半衰期最長的同位素鏷231，其半衰期約為3萬2800年。

　　除了研究之外，還被應用於海底沉積層的年代測定。

基礎資料				小知識
質子數 91　價電子數 —	豐度	(Lise Meitner，奧地利)、索 迪 (Frederick		主要化合物 —
原子量 231.03588	地 殼 — 太陽系 —	Soddy) 與 克 蘭 斯 頓 (John Cranston)		
熔 點 — 沸 點 —	存在場所 由釷衰變生成。	(皆為英國) 分別發現		主要同位素
密 度 —	價 格 —	發現年 1918 年		²³¹Pa（100%）
	發現者 漢恩 (Otto Hahn，德國) 與麥特納			

92 U

鈾
Uranium

2.7
ppm

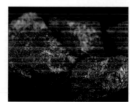

左為含有鈾的方鈾礦。鈾不存在穩定同位素，半衰期最長的同位素是鈾238，其半衰期約44億6800萬年。鈾也是核能發電的燃料，當鈾235的原子核受中子撞擊，就會發生核分裂並產生能源。若鈾238的原子核吸收中子，就會發生衰變，轉變成鈽239。

現 在已知鈾有好幾種同位素，而這些同位素全都具有放射性。鈾的性質與鎢極為相似。當鈾的原子核被中子撞擊，就會發生核分裂，並產生能量。若使這樣的核分裂連鎖反應持續下去，就能一口氣獲得龐大能量。多數核能發電廠就以鈾為燃料，利用這樣的反應發電。而使核分裂連鎖反應在瞬間進行的炸彈，就是原子彈。

位於日本新潟縣的東京電力柏崎刈羽核電廠。

基礎資料			小知識
質子數 92	沸點 4131	存在場所 瀝青鈾礦等	主要化合物
價電子數 —	密度 19.1	（哈薩克等）	UO、UF₃、UO₂、UF₄、U₂O₅、UF₆
原子量 238.02891	豐度	價 格 —	
熔 點 1132.2	地 殼 2.7ppm	發現者 克拉普羅特（德國）	主要同位素
	太陽系 0.00891	發現年 1789 年	²³⁴U（0.0054%）、²³⁵U（0.7204%）、²³⁸U（99.2742%）

93 Np

錼
Neptunium

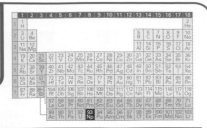

錼 之後的元素全部都由人工合成，被稱為「超鈾元素」（transuranium element）。錼是使用中子撞擊鈾所製造出來的元素，用於製造鈽。半衰期最長的同位素錼237，半衰期約214萬年。其名稱來自「海王星」（Neptune）。

質子數	93	基礎資料	主要化合物 —
價電子數	—		主要同位素 —
原子量	（237）		
熔點			
沸點			
密度			
豐度			
地殼 —	太陽系 —		
存在場所	鈾礦		
	（加拿大、澳洲、俄羅斯）		
價格			
發現者	馬可密倫與艾貝爾森		
	（Philip Abelson）（皆為美國）		
發現年	1940 年		

發現錼的馬可密倫（Edwin McMillan，1907～1991）。

94 Pu

鈽
Plutonium

鈽 是以氘撞擊鈾所生成的人造元素，作為核能發電的燃料，或是核能電池使用，搭載於人造衛星等。鈽沒有穩定的同位素，半衰期最長的同位素是鈽244，半衰期約8110年。

質子數	94	基礎資料	主要化合物 —
價電子數	—		主要同位素 —
原子量	（239）		
熔點	639.4	沸點 3228	
密度	19.816		
豐度			
地殼 —	太陽系 —		
存在場所	鈾礦		
	（加拿大、澳洲、俄羅斯）		
價格			
發現者	西博格（Glenn Seaborg）、甘迺迪（Joseph W. Kennedy）、歐亞哲（Arthur Wahl）（皆為美國）		
發現年	1940 年		

核能發電的燃料棒（照片中央）。

95 Am

鋂
Americium

鋂 是以中子撞擊鈽所生成的元素，名稱來自被發現的美洲大陸「America」。作為鈽的副產品能低價取得，因此被應用於使用放射線的厚度測量儀以及煙霧偵測器等。

質子數	95	基礎資料	主要化合物 —
價電子數	—		主要同位素 —
原子量	（243）		
熔點			
沸點			
密度			
豐度			
地殼 —	太陽系 —		
存在場所	從鈽製造出來。		
價格			
發現者	西博格、摩根（Leon O. Morgan）、詹姆斯（Ralph A. James）、吉奧索（Albert Ghiorso）（皆為美國）		
發現年	1945 年		

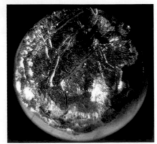
鋂的顯微鏡影像

96 Cm

鋦
Curium

鋦 是以氦離子（α粒子）撞擊鈽所生成的元素，名稱來自在放射能研究中名留青史的居禮夫婦。過去曾作為核能電池的能量來源使用，但現在已被鈽取代，除了研究之外幾乎沒有其他用途。

質子數	96	基礎資料	主要化合物 —
價電子數	—		主要同位素 —
原子量	（247）		
熔點			
沸點			
密度			
豐度			
地殼 —	太陽系 —		
存在場所	核反應爐		
價格			
發現者	西博格、詹姆斯、吉奧索（皆為美國）		
發現年	1944 年		

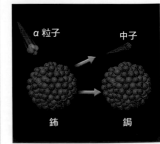
α 粒子　　中子

鈽　　鋦

● 氣體　　　 非金屬：液體　　　 金屬：液體　　　 非金屬：固體　　　 金屬：固體　　　 ● 地殼中所含的比例

97 Bk

銤
Berkelium

以 氦離子（α粒子）撞擊鋂所生成的元素，元素名稱源自於生成的場所 —— 美國的城市「柏克萊」（Berkeley）。銤是放射性金屬元素，色澤銀白，質地柔軟，但會釋放出強烈的輻射能，非常地危險，除了研究之外沒有其他用途。

基礎資料

質子數	97
價電子數	—
原子量	（247）
熔點	—
沸點	—
密度	—
豐度	—
地殼 —	太陽系 —
存在場所	核反應爐
價格	—
發現者	湯普森(Stanley G. Thompson)、吉奧索、西博格（皆為美國）
發現年	1949 年

主要化合物 —
主要同位素 —

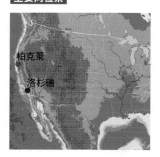

98 Cf

鉲
Californium

以 氦離子（α粒子）撞擊錕所生成的元素，名稱來自被發現的場所「加州」（California）。鉲252及254即使沒有外部刺激，也會自發分裂（spontaneous fission），因此使用於非破壞性檢查等。

基礎資料

質子數	98
價電子數	—
原子量	（252）
熔點	—
沸點	—
密度	—
豐度	—
地殼 —	太陽系 —
存在場所	核反應爐
價格	—
發現者	湯普森、史翠特(Kenneth Street Jr.)、吉奧索、西博格（皆為美國）
發現年	1950 年

主要化合物 —
主要同位素 —

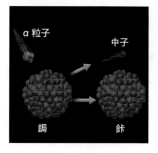

99 Es

鎄
Einsteinium

從 1952年氫彈爆炸實驗的落塵中偶然發現的元素，原本作為軍事機密藏匿起來，直到1955年才公諸於眾。元素名稱來自偉大的物理學家愛因斯坦（Albert Einstein，1879～1955）。金屬鎄呈銀色，反應性高且容易揮發，用途只限於研究。

基礎資料

質子數	99
價電子數	—
原子量	（252）
熔點	—
沸點 —	密度 —
豐度	—
地殼 —	太陽系 —
存在場所	核反應爐
價格	—
發現者	哈維(Bernard G. Harbey，英格蘭)、蕭平(Gregory R. Choppin)、湯普森、吉奧索（皆為美國）
發現年	1952 年

主要化合物 —
主要同位素 —

愛因斯坦

100 Fm

鐨
Fermium

和 鎄一樣從氫彈爆炸實驗的落塵中發現。元素名稱來自義大利的原子物理學家費米（Enrico Fermi，1901～1954）。1953～1953年以氧離子（^{18}O）撞擊鈾而成功生成。核反應爐所能製造的最大元素，立刻就會衰變。目前使用於研究。

基礎資料

質子數	100
價電子數	—
原子量	（257）
熔點	—
沸點	—
密度	—
豐度	—
地殼 —	太陽系 —
存在場所	核反應爐
價格	—
發現者	湯普森、吉奧索（皆為美國）等人
發現年	1949 年

主要化合物 —
主要同位素 —

費米

101 Md

鍆
Mendelevium

使 用加速器以氦離子（α粒子）撞擊鑀所生成的元素。元素名稱來自創造週期表的化學家門得列夫。全部都是放射性同位素，半衰期很短，不是很清楚其物理、化學性質。用於研究。

質子數 101	**基礎資料**	主要化合物 —
價電子數 —		主要同位素 —
原子量（258）		
熔點 —		
沸點 —		
密度 —		
豐度 —		
地殼 — 太陽系 —		
存在場所 加速器合成。		
價格 —		
發現者 哈維（英格蘭）、蕭平、湯普森、吉奧索、西博格（皆為美國）		
發現年 1955 年		

門得列夫

102 No

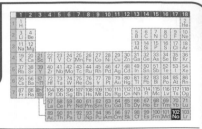

鍩
Nobelium

使 用加速器以碳離子（13C）撞擊鋦所生成的元素。1957年瑞典的諾貝爾研究所（Nobel Laboratory）報告發現了鍩，但在複製實驗中卻無法再度製造出來，後來才由其他團隊成功生成。元素名稱來自科學家諾貝爾（Alfred Nobel，1833～1896）。主要使用於研究。

質子數 102	**基礎資料**	主要化合物 —
價電子數 —		主要同位素 —
原子量（259）		
熔點 —		
沸點 —		
密度 —		
豐度 —		
地殼 — 太陽系 —		
存在場所 以加速器合成。		
價格 —		
發現者 西博格、吉奧索（皆為美國）等人		
發現年 1958 年		

諾貝爾

103 Lr

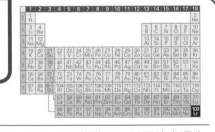

鐒
Lawrencium

使 用加速器以硼離子（11B）撞擊鉲的3種同位素混合物所生成的元素。元素名稱來自發明迴旋加速器的美國物理學家勞倫斯（Ernest Orlando Lawrence，1901～1958）。以氧撞擊鉲生成。鐒的電子組態在最近也備受討論。

質子數 103	**基礎資料**	主要化合物 —
價電子數 —		主要同位素 —
原子量（262）		
熔點 —		
沸點 —		
密度 —		
豐度 —		
地殼 — 太陽系 —		
存在場所 以加速器合成。		
價格 —		
發現者 吉奧索（美國）等人		
發現年 1961 年		

勞倫斯

104 Rf

鑪
Rutherfordium

使 用加速器以碳離子（12C）撞擊鐦生成。元素名稱來自發現原子核的物理學家拉塞福（Ernest Rutherford，1871～1937）。目前尚不清楚鑪的物理、化學性質，但其化學反應與鉿及鋯相似。目前只使用於研究。

質子數 104	**基礎資料**	主要化合物 —
價電子數 —		主要同位素 —
原子量（267）		
熔點 —		
沸點 —		
密度 —		
豐度 —		
地殼 — 太陽系 —		
存在場所 以加速器合成。		
價格 —		
發現者 吉奧索（美國）等人的研究團隊		
發現年 1969 年		

拉塞福

● 氣體　　🌢 非金屬：液體　　🌢 金屬：液體　　▣ 非金屬：固體　　▣ 金屬：固體　　● 地殼中所含的比例

105 Db

鍆
Dubnium

前 蘇聯的佛雷洛夫（Georgy Flyorov，1913～1990）團隊與美國的吉奧索團隊，各自發表以氖離子（^{22}Ne）撞擊鋂生成新元素的成果。最後認定發現者為吉奧索，元素名稱則來自佛雷洛夫隸屬的杜布納聯合原子核研究所的所在地「杜布納」（Dubna）。主要用於研究。

基礎資料	
質子數 105	**主要化合物** —
價電子數 —	**主要同位素** —
原子量（268）	
熔點 —	
沸點 —	
密度 —	
豐度 —	
地殼 — 太陽系 —	
存在場所 以加速器合成。	
價格 —	
發現者 佛雷洛夫（俄羅斯）等人的研究團隊、吉奧索（美國）等人的研究團隊	
發現年 1970 年	

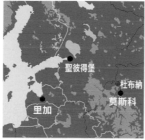

106 Sg

鑄
Seaborgium

使 用加速器以氧離子（^{18}O）撞擊鋦所生成的新元素。元素名稱源自於合成出鈽、鉲等9種元素的美國化學家西博格。鑄的半衰期短，目前尚不清楚其性質。主要使用於研究。

基礎資料	
質子數 106	**主要化合物** —
價電子數 —	**主要同位素** —
原子量（271）	
熔點 —	
沸點 —	
密度 —	
豐度 —	
地殼 — 太陽系 —	
存在場所 以加速器合成。	
價格 —	
發現者 吉奧索（美國）等人的研究團隊	
發現年 1974 年	

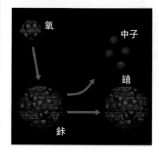

107 Bh

鈹
Bohrium

由 鉛與鉻離子（^{54}Cr）在加速器中發生核反應所生成的元素。元素名稱來自在量子力學的確立上居於指導地位的丹麥物理學家波耳（Niels Henrik David Bohr，1885～1962）。目前尚不清楚其物理、化學性質，主要作為研究之用。

基礎資料	
質子數 107	**主要化合物** —
價電子數 —	**主要同位素** —
原子量（272）	
熔點 —	
沸點 — 密度 —	
豐度 —	
地殼 — 太陽系 —	
存在場所 以加速器合成。	
價格 —	
發現者 安布魯斯特（Peter Armbruster）與明岑貝格（Gottfried Münzenberg）等人的研究團隊（皆為德國）	
發現年 1981 年	

波耳

108 Hs

鏍
Hassium

 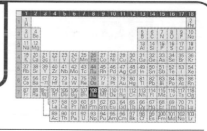

使 用加速器以鐵離子（^{58}Fe）碰撞鉛所生成的元素。元素名稱來自發現該元素的德國地名黑森邦（Land Hesen，古名Hassia）。常溫常壓下為固體。最穩定的同位素是鏍277m，半衰期為34秒，因自發分裂而衰變。

基礎資料	
質子數 108	**主要化合物** —
價電子數 —	**主要同位素** —
原子量（277）	
熔點 —	
沸點 —	
密度 —	
豐度 —	
地殼 — 太陽系 —	
存在場所 以加速器合成。	
價格 —	
發現者 安布魯斯特與明岑貝格（皆為德國）等人的研究團隊	
發現年 1984 年	

德國

黑森邦

109 Mt

鿏
Meitnerium

使用加速器以鐵離子（^{58}Fe）的原子撞擊鉍所生成的元素。元素名稱來自發現鏷的奧地利女性物理學家麥特納（Lise Meither，1878～1968）。鿏最穩定的同位素為鿏278，半衰期為4.4秒，經α衰變而轉變為䥑。目前並不清楚其化學性質。

基礎資料	
質子數	109
價電子數	—
原子量	（276）
熔點	—
沸點	—
密度	—
豐度	—
地殼 — 太陽系 —	
存在場所	以加速器合成。
價格	—
發現者	安布魯斯特與明岑貝格（皆為德國）等人的研究團隊
發現年	1982 年

主要化合物 —
主要同位素 —

  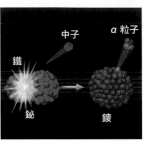

---

110 Ds

鐽
Darmstadtium

使用加速器以鎳離子（^{62}Ni）撞擊鉛所生成的元素。元素名稱來自發現元素的德國重離子研究所的所在地「達姆施塔特」（Darmstadt）。鐽最穩定的同位素是鐽281，半衰期為11.1秒。

基礎資料	
質子數	110
價電子數	—
原子量	（281）
熔點	—
沸點	—
密度	—
豐度	—
地殼 — 太陽系 —	
存在場所	以加速器合成。
價格	—
發現者	安布魯斯特與何夫曼（Sigurd Hofmann）（皆為德國）等人的研究團隊
發現年	1994 年

主要化合物 —
主要同位素 —

德國

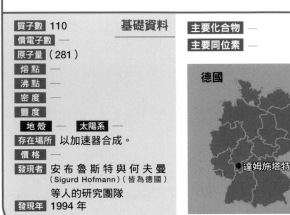

達姆施塔特

---

111 Rg

錀
Roentgenium

使用加速器以鎳離子（^{64}Ni）撞擊鉍所合成的元素。元素名稱來自發現X射線的德國物理學家倫琴（Wilhelm Röntgen，1845～1923）。目前並不清楚錀的化學性質。

基礎資料	
質子數	111
價電子數	—
原子量	（280）
熔點	—
沸點	—
密度	—
豐度	—
地殼 — 太陽系 —	
存在場所	以加速器合成。
價格	—
發現者	安布魯斯特與何夫曼等人的研究團隊（皆為德國）
發現年	1994 年

主要化合物 —
主要同位素 —

 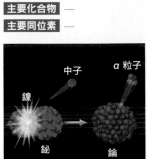

---

112 Cn

鎶
Copernicium

  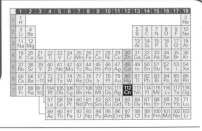

使用加速器以鋅離子（^{70}Zn）撞擊鉛所合成的元素。2010年2月19日是提出地動說的波蘭科學家哥白尼（Nicolas Copernicus，1473～1543）的生日，IUPAC在這天決定將新元素命名為鎶。

基礎資料	
質子數	112
價電子數	—
原子量	（285）
熔點	—
沸點	—
密度	—
豐度	—
地殼 — 太陽系 —	
存在場所	以加速器合成。
價格	—
發現者	何夫曼與尼諾夫（Victor Ninov，保加利亞）領導的研究團隊
發現年	1996 年

主要化合物 —
主要同位素 —

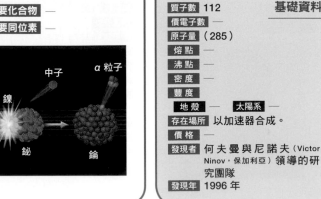 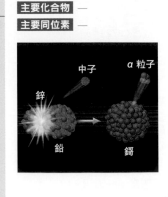

🔴 氣體　💧 非金屬：液體　🔵 金屬：液體　🟦 非金屬：固體　🟫 金屬：固體　⚫ 地殼中所含的比例

113 Nh
鉨
Nihonium

基礎資料

質子數 113
價電子數 ―
原子量 （278）
熔點 ―
沸點 ―
密度 ―
豐度
　地殼 ―
　太陽系 ―
存在場所 以加速器合成。
價格 ―
發現者 以森田浩介（日本）為中心的理化學研究所團隊
發現年 2004 年

原子序113元素的合成實驗，從2003年9月就開始了。利用直線型加速器（linear accelerator）持續以鋅離子（^{70}Zn）（質子數30）的原子核撞擊鉍（質子數83）的原子核，最後終於在2004年7月首度成功合成出原子序113的元素。後來在2005年4月與2012年8月也成功合成。尤其在第3次合成時，觀測到6次的 α 衰變，成為決定性的證據。於是，日本理化學研究所的團隊在2015年12月獲得了新元素的命名權。

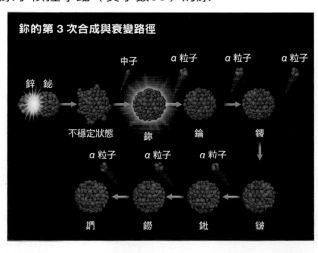

鉨的第 3 次合成與衰變路徑

中子　α 粒子　α 粒子　α 粒子

鋅　鉍

不穩定狀態　鉨　錀　鐽

α 粒子　α 粒子　α 粒子

䥑　錔　鈚　鈹

小知識

元素名稱由來
亞洲首度發現新元素，並以發現國日本（nihon）命名。

發現時的故事 ―

主要化合物 ―

主要同位素 ―

114 Fl
鈇
Flerovium

使用加速器以鈣離子（^{48}Ca）撞擊鈽所合成的元素。2012年5月，由IUPAC正式確定元素名稱，其名稱來自重離子物理學的開拓者 ── 俄羅斯物理學家佛雷洛夫。目前並不清楚其化學性質。

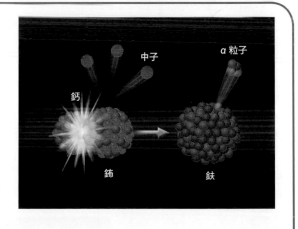

中子　α 粒子

鈣

鈽　鈇

基礎資料

質子數 114　　存在場所 以加速器合成。
價電子數 4　　價格 ―
原子量 （289）　發現者 奧加涅相（Yuri Oganessian，俄羅斯）等人的研究團隊、穆迪（Kenton James Moody，美國）等人的研究團隊
熔點 ―　沸點 ―
密度 ―
豐度
地殼 ―　太陽系 ―　發現年 1991 年

小知識

主要化合物 ―
主要同位素 ―

115 Mc

鎂
Moscovium

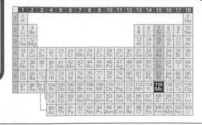

使 用加速器以鈣離子（^{48}Ca）撞擊鋂所合成的元素。此時由於 α 衰變，也同時觀測到鉨。2004年，瑞典的研究團隊也有相同的發現。名稱來自發現單位杜布納聯合原子核研究所的所在地 —— 俄羅斯的莫斯科。

基礎資料	
質子數 115	主要化合物 —
價電子數 —	主要同位素 —
原子量（289）	
熔點	
沸點	
密度	
豐度	
地殼 — 太陽系 —	
存在場所 以加速器合成。	
價格	
發現者 俄羅斯與美國的聯合研究團隊	
發現年 2003 年	

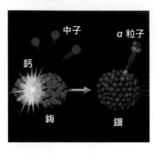

116 Lv

鉝
Livermorium

使 用加速器以鈣離子（^{48}Ca）撞擊鋦所合成的元素。與原子序114的元素在同時期由IUPAC正式命名，元素名稱來自進行合成實驗的美國勞倫斯利佛摩國家實驗室。目前尚不清楚其化學性質。

基礎資料	
質子數 116	主要化合物 —
價電子數 6	主要同位素 —
原子量（293）	
熔點	
沸點	
密度	
豐度	
地殼 — 太陽系 —	
存在場所 以加速器合成。	
價格	
發現者 奧加涅相（俄羅斯）等人的研究團隊、穆迪（美國）等人的研究團隊	
發現年 2000 年	

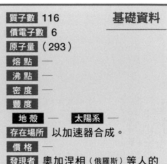 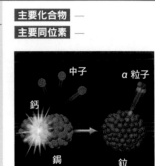

117 Ts

鿬
Tennessine

使 用加速器以鈣離子（^{48}Ca）撞擊鉳所合成的元素。這項實驗由俄羅斯的杜布納聯合原子核研究所的佛雷洛夫核反應研究所進行，耗時 7 個月才成功。名稱來自美國的橡樹嶺國家實驗室等研究機構所在的田納西州（Tennessee）。

基礎資料	
質子數 117	主要化合物 —
價電子數 —	主要同位素 —
原子量（293）	
熔點	
沸點	
密度	
豐度	
地殼 — 太陽系 —	
存在場所 以加速器合成。	
價格	
發現者 俄羅斯與美國的聯合研究團隊	
發現年 2009 年	

 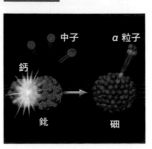

118 Og

鿫
Oganesson

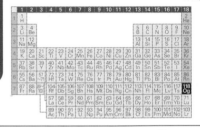

俄 羅斯的杜布納聯合原子核研究所以鈣離子（^{48}Ca）撞擊鉲所合成的元素。在2005年又成功生成了 2 個原子。比天然存在的最重元素鈾還要重，是目前發現的元素中最重的。

基礎資料	
質子數 118	主要化合物 —
價電子數 —	主要同位素 —
原子量（294）	
熔點	
沸點	
密度	
豐度	
地殼 — 太陽系 —	
存在場所 以加速器合成。	
價格 —	
發現者 俄羅斯與美國的聯合研究團隊	
發現年 2002 年	

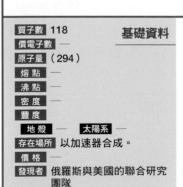

杜布納聯合原子核研究所總部。

● 氣體　　🌢 非金屬：液體　　🌢 金屬：液體　　🔲 非金屬：固體　　🔲 金屬：固體　　● 地殼中所含的比例

column4

元素名稱的由來各不相同！

元素名稱必定有由來，舉例來說，原子序101的鍆，就來自製作週期表的門得列夫。而118種元素的名稱，分別來自科學家的名字、地名、神話中登場的諸神等，由來五花八門。

新元素的命名權，由國際團體IUPAC（國際純化學和應用化學聯合會）授予元素的發現者。接著，發現者提出的名稱交由IUPAC審查，而後拍板定案。

來自神話的元素名稱

鉕（Pm）來自希臘神話中登場的火神普羅米修斯（Prometheus）。在神話中，普羅米修斯將天界的火偷給人類，使人間產生文明。基於這個故事，備受人類期待的新能源核能，就被稱為「普羅米修斯之火」，而透過鈾的核分裂所生成的新元素，就被命名為鉕。

	元素		元素名稱的由來	
22	Ti	鈦（titanium）	泰坦（Titan）	希臘神話巨神族
23	V	釩（vanadium）	凡娜迪絲（Vanadis）	北歐愛與美女神
41	Nb	鈮（niobium）	妮奧比（Niobe）	希臘神話坦達羅斯之女
61	Pm	鉕（promethium）	普羅米修斯（Prometheus）	希臘神話火神
73	Ta	鉭（tantalum）	坦塔羅斯（Tantalus）	希臘神話主神宙斯之子
77	Ir	銥（Iridium）	伊莉絲（Iris）	希臘神話彩虹女神
90	Th	釷（thorium）	索爾（Thor）	北歐雷神

※：表格自左側起，依序為原子序、元素符號、元素名稱、元素名稱的由來之解說。

火神普羅米修斯

來自人名的元素名稱

人造元素中的鎄（Es），名稱來自提出相對論的物理學家愛因斯坦。人造元素的名稱多半來自知名科學家，而在命名當時，科學家本人仍在世的案例，只有鐃（Sg）與鿫（Og）。兩者都由發現者本人的名字命名。

62	Sm	釤（samarium）	杉馬爾斯基（Samarsky）	發現鈮鈦酸釔鈾礦
64	Gd	釓（gadolinium）	加多林（Gadolin）	發現釔
96	Cm	鋦（curium）	居禮夫婦（Curie）	發現放射性物質
99	Es	鎄（einsteinium）	愛因斯坦（Einstein）	提出相對性理論
100	Fm	鐨（fermium）	費米（Fermi）	對核物理學和量子力學帶來貢獻
101	Md	鍆（mendelevium）	門得列夫（Mendeleev）	創建元素周期表
102	No	鍩（nobelium）	諾貝爾（Nobel）	發明矽藻土炸藥
103	Lr	鐒（lawrencium）	勞倫斯（Lawrence）	發明迴旋加速器
104	Rf	鑪（rutherfordium）	拉塞福（Rutherford）	分析出原子結構
106	Sg	鐃（seaborgium）	西博格（Seaborg）	合成出10種人造元素
107	Bh	鈹（bohrium）	波耳（Bohr）	對量子力學的確立作出貢獻
109	Mt	䥑（meitnerium）	麥特納（Meitner）	發現原子核分裂
111	Rg	錀（roentgenium）	倫琴（Röntgen）	發現X射線
112	Cn	鎶（copernicium）	哥白尼（Copernicus）	提出地動說
114	Fl	鈇（flerovium）	佛雷洛夫（Flyorov）	建立原子核反應研究所
118	Og	鿫（oganesson）	奧加涅相（Oganessian）	發現原子序118的元素

愛因斯坦

來自天體名的元素名稱

原子序連在一起的鈾至鈽，根據太陽系的天體排列依序命名。而這些天體名稱若進一步追溯，則源自於神名。舉例來說，1803年發現的鈰（Ce），就來自2年前發現的矮行星穀神星（Ceres），而穀神星這個名稱，則來自羅馬神話中的農業女神克瑞絲（Ceres）。

2	He	氦（helium）	Helios	希臘語「太陽」
34	Se	硒（selenium）	Selene	希臘語「月亮」
46	Pd	鈀（palladium）	智神星（Pallas）	火星與木星之間的小行星
52	Te	碲（tellurium）	Terra	拉丁語「地球」
58	Ce	鈰（cerium）	穀神星（Ceres）	火星和木星之間的矮行星
80	Hg	汞（mercury）	Mercurius	希臘語「水星」※
92	U	鈾（uranium）	Uranus	希臘語「天王星」
93	Np	錼（neptunium）	Neptune	希臘語「海王星」
94	Pu	鈽（plutonium）	Pluto	希臘語「冥王星」

※汞的名稱被認為來自羅馬神話中，商人和旅人的守護神墨丘利（Mercurius）。

天王星　海王星　冥王星

171

原子序 119 以上的元素到底還有多少？

2015，原子序113、115、117、118的元素獲得正式認定，第7週期之前的空格全部都被填滿。世界各地都為了合成原子序119之後的元素展開實驗，而在原子核物理學的理論上，「穩定島」（island of stability）被視為一個目標。

原子的電子殼層若填入特定數量的電子就會變得穩定；同樣地，原子核也有粒子達到特定數量時會變得穩定的性質，這個數字被稱為「魔數」（magic number）。目前已知質子與中子的魔數都是2、8、20、28、50，而中子還有126、152。質子與中子都是魔數的原子核，稱為雙魔數核（double-magic nucleus），更是特別穩定。目前已

◈ 核素圖

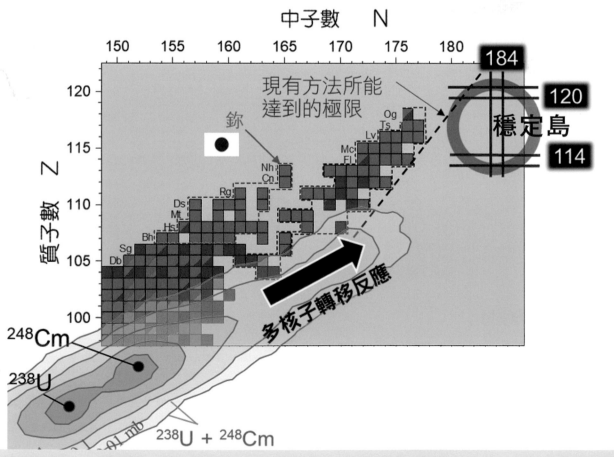

核素圖以質子數為縱軸，中子數為橫軸，並顯示觀測到存在的同位素與半衰期。根據壽命長短（穩定度）區分顏色。此外也顯示預測的穩定島位置。

圖像提供：日本國立研究開發法人日本原子力研究開發機構

多核子轉移反應與製造中子過剩核的方法

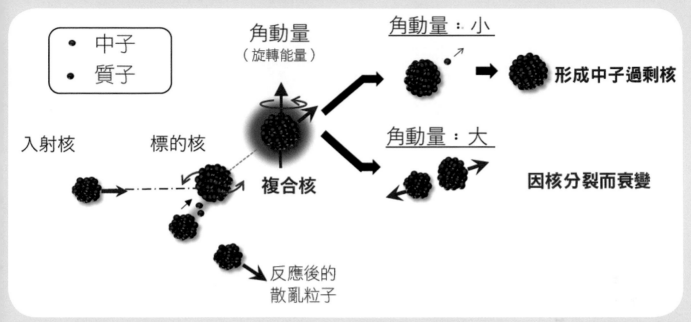

以加速的入射核撞擊標的核的原子核，經部分中子與質子互相交換的「多核子轉移反應」，形成被稱為「複合核」（complex nucleus）的核。這個狀態在能量上並不穩定，若角動量小則會釋放出中子，形成中子過剩核（目的的原子核）；若角動量大，則複合核會因核分裂而衰變。因此測定複合核的角動量，調整被撞擊的原子核的種類與能量等，使角動量最佳化就變得很重要。　圖像提供：日本國立研究開發法人日本原子能研究開發機構

知的元素中，擁有最大雙魔數核的是原子序82，中子數126的鉛。

下一個被預測的雙魔數核是質子數114或120，中子數184。擁有這個雙魔數核的原子核周邊領域，即稱為穩定島，就像是漂浮在核素圖（左側圖）上的島嶼。原子序93以上的元素幾乎都是放射性元素，立刻就會衰變，但擁有雙魔數核的原子核或許就相對穩定。如果能合成這樣的原子核並詳細調查其性質，就可望獲得全新的原子核物理學知識。在2022年2月16日，日本原子能研究開發機構與近畿大學發表了關於要到達這個穩定島的其中一個方法，即為「多核子轉移反應」（multinucleon transfer reaction，上圖）的重要研究成果。

全球首次 詳細決定角動量

從核素圖中可以看到，質子數愈大，中子相對於質子數的比例也愈高。因此為了更靠近穩定島，必須讓更多的中子移動到標的的原子核，而能達成這個目標的其中一項原子核反應，就是多核子轉移反應。為了藉由這樣的反應到達穩定島，必須掌握碰撞反應時原子核獲得的角動量（angular momentum）。角動量簡單來說，就是粒子所擁有的旋轉運動動量，當角動量愈大，形成的原子核就會愈快衰變。

日本原子能研究所與近畿大學確立了識別生成原子核的手法，在詳細決定角動量方面取得全球首見的成功。根據其結果可以知道，轉移成標的原子核的中子與質子在數量增加時，剛開始雖然角動量也會跟著增加，但增加到一定的值就會穩定下來。這次的結果可說是展現出到達穩定島的可能性，若到達穩定島，即使中子增加也不會分裂。

合成穩定島的原子核並調查其半衰期與質量，可提升原子核物理學的理論精確度，這麼一來或許就能回答人類元素到底有幾個。

（撰文：加藤MADOMI）

《人人伽利略 完全圖解 元素與週期表》「十二年國教課綱自然科學領域學習內容架構表」

第一碼：高中（國中不分科）科目代碼Ｂ（生物）、Ｃ（化學）、Ｅ（地科）、Ｐ（物理）＋主題代碼（Ａ～Ｎ）＋次主題代碼（ａ～ｆ）。

主題	次主題
物質的組成與特性（A）	物質組成與元素的週期性（a）、物質的形態、性質及分類（b）
能量的形式、轉換及流動（B）	能量的形式與轉換（a）、溫度與熱量（b）、生物體內的能量與代謝（c）、生態系中能量的流動與轉換（d）
物質的結構與功能（C）	物質的分離與鑑定（a）、物質的結構與功能（b）
生物體的構造與功能（D）	細胞的構造與功能（a）、動植物體的構造與功能（b）、生物體內的恆定性與調節（c）
物質系統（E）	自然界的尺度與單位（a）、力與運動（b）、氣體（c）、宇宙與天體（d）
地球環境（F）	組成地球的物質（a）、地球與太空（b）、生物圈的組成（c）
演化與延續（G）	生殖與遺傳（a）、演化（b）、生物多樣性（c）
地球的歷史（H）	地球的起源與演變（a）、地層與化石（b）
變動的地球（I）	地表與地殼的變動（a）、天氣與氣候變化（b）、海水的運動（c）、晝夜與季節（d）
物質的反應、平衡及製造（J）	物質反應規律（a）、水溶液中的變化（b）、氧化與還原反應（c）、酸鹼反應（d）、化學反應速率與平衡（e）、有機化合物的性質、製備及反應（f）
自然界的現象與交互作用（K）	波動、光及聲音（a）、萬有引力（b）、電磁現象（c）、量子現象（d）、基本交互作用（e）
生物與環境（L）	生物間的交互作用（a）、生物與環境的交互作用（b）
科學、科技、社會及人文（M）	科學、技術及社會的互動關係（a）、科學發展的歷史（b）、科學在生活中的應用（c）、天然災害與防治（d）、環境汙染與防治（e）
資源與永續發展（N）	永續發展與資源的利用（a）、氣候變遷之影響與調適（b）、能源的開發與利用（c）

第二碼：學習階段以羅馬數字表示，I（國小1-2年級）；II（國小3-4年級）；III（國小5-6年級）；IV（國中）；V（Vc高中必修，Va高中選修）。

第三碼：學習內容的阿拉伯數字流水號。

頁碼	單元名稱	階段/科目	十二年國教課綱數學領域學習內容架構表
006	門得列夫	國中/理化	Aa-IV-1　原子模型的發展。　Aa-IV-2　原子量與分子量是原子、分子之間的相對質量。
		高中/化學	CAa-Vc-2　道耳頓根據定比定律、倍比定律、質量守恆定律與元素概念提出原子說。
008	最新的週期表	國中/理化	Aa-IV-4　元素的性質有規律性和週期性。　Aa-IV-5　元素與化合物有特定的化學符號表示法。
010	原子的結構	高中/化學	CAa-Va-1　原子的結構是原子核在中間，電子會存在於不同能階。　CAa-Va-3　多電子原子的電子與其軌域，可以四種量子數加以說明。　CAa-Va-4　原子的電子組態的填入規則，包括包立不相容原理、洪德定則及遞建原理。　CAa-Va-5　元素的電子組態與性質息息相關，且可在週期表呈現出其週期性變化。
012	「縱」看週期表	高中/化學	CAa-Va-5　元素的電子組態與性質息息相關，且可在週期表呈現出其週期性變化。 CAb-Va-4　週期表中的分類。
014	「元素」與「原子」有什麼不同？	高中/化學	CAa-Va-1　拉瓦節提出物質最基本的組成是元素。 CAa-Vc-3　元素依原子序大小順序，有規律地排列在週期表上。
022	第1族1氫	國中/理化	Nc-IV-2　開發任何一種能源都有風險，應依據證據來評估與決策。
		高中/化學	CAa-Vc-3　元素依原子序大小順序，有規律地排列在週期表上。　CAb-Vc-2　元素可依特性分為金屬、類金屬及非金屬。 CMa-Va-1　從化學的主要發展方向和產業成果，建立綠色化學和永續發展的概念，並積極參與科學知識的傳播，促進化學知識進入個人和社會生活。　CMc-Va-1　氫氣的性質、製取及用途。
024	第1族3鋰	高中/化學	CAa-Vc-3　元素依原子序大小順序，有規律地排列在週期表上。　CAb-Vc-2　元素可依特性分為金屬、類金屬及非金屬。
026	第2族4鈹	高中/化學	CAa-Vc-3　元素依原子序大小順序，有規律地排列在週期表上。　CAb-Vc-2　元素可依特性分為金屬、類金屬及非金屬。
028	第3族60釹	高中/化學	CAb-Vc-2　元素可依特性分為金屬、類金屬及非金屬。
030	第3族92鈾	高中/化學	CAa-Va-4　同位素。　CAb-Vc-2　元素可依特性分為金屬、類金屬及非金屬。
		高中/物理	PKe-Va-2　不穩定的原子核會經由放射性衰變釋放能量或轉變為其他的原子核。
032	第9族27鈷	高中/化學	CAb-Vc-2　元素可依特性分為金屬、類金屬及非金屬。
034	第10族28鎳	高中/化學	CAb-Vc-2　元素可依特性分為金屬、類金屬及非金屬。　CNa-Va-1　永續發展理念之應用。　CNa-Va-3　廢棄物的創新利用與再製作。
036	第13族13鋁	高中/化學	CAb-Vc-2　元素可依特性分為金屬、類金屬及非金屬。　CAa-Vc-3　元素依原子序大小順序，有規律地排列在週期表上。 CMc-Va-2　常見金屬及重要的化合物之製備、性質及用途。
038	第14族6碳	高中/化學	CAa-Vc-3　元素依原子序大小順序，有規律地排列在週期表上。　CAb-Vc-2　元素可依特性分為金屬、類金屬及非金屬。
040	第15族7氮	高中/化學	CAa-Vc-3　元素依原子序大小順序，有規律地排列在週期表上。　CAb-Vc-2　元素可依特性分為金屬、類金屬及非金屬。
042	第17族9氟	高中/化學	CAa-Vc-3　元素依原子序大小順序，有規律地排列在週期表上。　CAb-Vc-2　元素可依特性分為金屬、類金屬及非金屬。
044	第18族2氦	高中/化學	CAa-Vc-3　元素依原子序大小順序，有規律地排列在週期表上。　CAb-Vc-2　元素可依特性分為金屬、類金屬及非金屬。
046	人造元素	高中/化學	CAb-Vc-2　元素可依特性分為金屬、類金屬及非金屬。
		高中/物理	PKe-Va-2　不穩定的原子核會經由放射性衰變釋放能量或轉變為其他的原子核。
050	第4族鈦族元素	高中/化學	CAb-Va-4　週期表中的分類。　CAb-Vc-2　元素可依特性分為金屬、類金屬及非金屬。　CMc-Vc-3　化學在先進科技發展的應用。
052	第5族釩族元素	高中/化學	CAb-Va-4　週期表中的分類。　CAb-Vc-2　元素可依特性分為金屬、類金屬及非金屬。
054	第6族鉻族元素	高中/化學	CAb-Va-4　週期表中的分類。　CAb-Vc-2　元素可依特性分為金屬、類金屬及非金屬。
056	第7族錳族元素	高中/化學	CAb-Va-4　週期表中的分類。　CAb-Vc-2　元素可依特性分為金屬、類金屬及非金屬。
058	第8～10族鐵族元素	高中/化學	CAb-Va-4　週期表中的分類。　CAb-Vc-2　元素可依特性分為金屬、類金屬及非金屬。
060	第8～10族鉑族元素	高中/化學	CAb-Va-4　週期表中的分類。 CAb-Vc-2　元素可依特性分為金屬、類金屬及非金屬。
062	第11族銅族元素	高中/化學	CAb-Va-4　週期表中的分類。 CAb-Vc-2　元素可依特性分為金屬、類金屬及非金屬。
064	第12族鋅族元素	高中/化學	CAb-Va-4　週期表中的分類。 CAb-Vc-2　元素可依特性分為金屬、類金屬及非金屬。
066	第16族氧族元素	高中/化學	CAb-Va-4　週期表中的分類。 CAb-Vc-2　元素可依特性分為金屬、類金屬及非金屬。
068	著眼週期表的「垂直關係」（族），開發全新電池材料！	高中/化學	CAa-Va-5　元素的電子組態與性質息息相關，且可在週期表呈現出其週期性變化。 CAb-Va-4　週期表中的分類。 CJc-Va-5　電化電池的原理。 CJd-Va-7　常見電池的原理與設計。
072	離子的結構	高中/化學	CAa-Va-1　原子的結構是原子核在中間，電子會存在於不同能階。　CAa-Va-3　多電子原子的電子與其軌域，可以四種量子數加以說明。　CAa-Va-4　原子的電子組態的填入規則，包括包立不相容原理、洪德定則及遞建原理。　CCb-Va-2　混成軌域與價鍵理論：原子結合的方式與原理。
074	容易變成陽、陰離子的元素	高中/化學	CAa-Va-5　元素的電子組態與性質息息相關，且可在週期表呈現出其週期性變化。

076	金屬鍵	高中/化學	Cab-Va-1 化學鍵的特性會影響物質的性質。 CCb-Va-2 混成軌域與價鍵理論：原子結合的方式與原理。 CCb-Vc-1 原子之間會以不同方式形成不同的化學鍵結。 CCb-Vc-2 化學鍵的特性會影響物質的結構，並決定其功能。
078	金屬的性質	高中/化學	CCb-Vc-2 化學鍵的特性會影響物質的結構，並決定其功能
080	放射線	高中/物理	PKe-Va-1 質子和中子可組成結構穩定及不穩定的原子核。 PKe-Va-2 不穩定的原子核會經由放射性衰變釋放能量或轉變為其他的原子核。
082	稀有金屬	高中/物理	CAb-Vc-2 元素可依特性分為金屬、類金屬及非金屬。
088	1氫	高中/化學	CAa-Vc-3 元素依原子序大小順序，有規律地排列在週期表上。 CAb-Vc-2 元素可依特性分為金屬、類金屬及非金屬。 CCb-Va-4 分子形狀、結構、極性及分子間作用力。
		高中/生物	BGa-Va-2 確認DNA為遺傳物質的歷程。
090	2氦～5硼	高中/化學	CAa-Vc-3 元素依原子序大小順序，有規律地排列在週期表上。 CAb-Vc-2 元素可依特性分為金屬、類金屬及非金屬。
094	6碳	高中/化學	CAa-Vc-3 元素依原子序大小順序，有規律地排列在週期表上。 CAb-Vc-2 元素可依特性分為金屬、類金屬及非金屬。 CMc-Va-4 常見非金屬與重要化合物之製備、性質及用途。 CMc-Vc-3 化學在先進科技發展的應用。
096	7氮	高中/化學	CAa-Vc-3 元素依原子序大小順序，有規律地排列在週期表上。 CAb-Va-2 不同的官能基會影響有機化合物的性質。 CAb-Vc-2 元素可依特性分為金屬、類金屬及非金屬。 CMc-Va-4 常見非金屬與重要化合物之製備、性質及用途。
098	8氧	高中/化學	CAa-Vc-3 元素依原子序大小順序，有規律地排列在週期表上。 CAb-Vc-2 元素可依特性分為金屬、類金屬及非金屬。 CMc-Va-4 常見非金屬與重要化合物之製備、性質及用途。 CMc-Vc-3 臭氧層破洞的成因、影響及防治方法。
100	9氟～10氖	高中/化學	CAa-Vc-3 元素依原子序大小順序，有規律地排列在週期表上。 CAb-Vc-2 元素可依特性分為金屬、類金屬及非金屬。
102	11鈉	高中/化學	CAa-Vc-3 元素依原子序大小順序，有規律地排列在週期表上。 CAb-Vc-2 元素可依特性分為金屬、類金屬及非金屬。 CMc-Va-2 常見金屬及重要的化合物之製備、性質及用途。
		高中/生物	BDb-Va-5 動物體的神經系統對生理作用的調節。
104	12鎂	高中/化學	CAa-Vc-3 元素依原子序大小順序，有規律地排列在週期表上。 CAb-Vc-2 元素可依特性分為金屬、類金屬及非金屬。 CMc-Va-2 常見金屬及重要的化合物之製備、性質及用途。
106	14矽	高中/化學	CAa-Vc-3 元素依原子序大小順序，有規律地排列在週期表上。 CAb-Vc-2 元素可依特性分為金屬、類金屬及非金屬。 CMc-Va-4 常見非金屬與重要化合物之製備、性質及用途。 CMc-Va-6 先進材料。
108	15磷	高中/化學	CAa-Vc-3 元素依原子序大小順序，有規律地排列在週期表上。 CAb-Vc-2 元素可依特性分為金屬、類金屬及非金屬。
110	16硫	高中/化學	CAa-Vc-3 元素依原子序大小順序，有規律地排列在週期表上。 CAb-Vc-2 元素可依特性分為金屬、類金屬及非金屬。
111	19鉀	高中/化學	CAb-Vc-2 元素可依特性分為金屬、類金屬及非金屬。
		高中/物理	PKe-Va-2 不穩定的原子核會經由放射性衰變釋放能量或轉變為其他的原子核。
		高中/地科	EHb-Vc-2 利用岩層中的化石與放射性同位素定年法，可幫助推論地層的絕對地質年代。
112	20鈣～21鈧	高中/化學	CAb-Vc-2 元素可依特性分為金屬、類金屬及非金屬。
114	22鈦	高中/化學	CAb-Vc-2 元素可依特性分為金屬、類金屬及非金屬。 CMc-Vc-3 化學在先進科技發展的應用。
116	23釩～25錳	高中/化學	CAb-Vc-2 元素可依特性分為金屬、類金屬及非金屬。
118	26鐵	高中/化學	CAb-Vc-2 元素可依特性分為金屬、類金屬及非金屬。 CMc-Va-2 常見金屬及重要的化合物之製備、性質及用途。 CMc-Va-3 常見合金之性質與用途。
120	27鈷～28鎳	高中/化學	CAb-Vc-2 元素可依特性分為金屬、類金屬及非金屬。
122	29銅	國中/理化	Me-IV-5 重金屬汙染的影響。
		高中/化學	CAb-Vc-2 元素可依特性分為金屬、類金屬及非金屬。
124	30鋅～32鍺	高中/化學	CAb-Vc-2 元素可依特性分為金屬、類金屬及非金屬。
126	33砷	國中/理化	Me-IV-5 重金屬汙染的影響。
		高中/化學	CAb-Vc-2 元素可依特性分為金屬、類金屬及非金屬。
127	34硒～36氪	高中/化學	CAb-Vc-2 元素可依特性分為金屬、類金屬及非金屬。
129	37銣	高中/化學	CAa-Va-4 同位素。 CAb-Vc-2 元素可依特性分為金屬、類金屬及非金屬。
		高中/物理	PKe-Va-2 不穩定的原子核會經由放射性衰變釋放能量或轉變為其他的原子核。
		高中/地科	EHb-Vc-2 利用岩層中的化石與放射性同位素定年法，可幫助推論地層的絕對地質年代。
130	39釔～42鉬	高中/化學	CAb-Vc-2 元素可依特性分為金屬、類金屬及非金屬。
132	43鎝	高中/化學	CAa-Va-4 同位素。
		高中/物理	PKe-Va-2 不穩定的原子核會經由放射性衰變釋放能量或轉變為其他的原子核。
136	48鎘	國中/理化	Me-IV-5 重金屬汙染的影響。
		高中/化學	CAb-Vc-2 元素可依特性分為金屬、類金屬及非金屬。
136	49銦～54氙	高中/化學	CAb-Vc-2 元素可依特性分為金屬、類金屬及非金屬。
140	55銫	高中/化學	CAa-Va-4 同位素。 CAb-Vc-2 元素可依特性分為金屬、類金屬及非金屬。
141	57～71鑭系元素	高中/化學	CAa-Va-4 同位素。 CAb-Vc-2 元素可依特性分為金屬、類金屬及非金屬。
		高中/物理	PKe-Va-2 不穩定的原子核會經由放射性衰變釋放能量或轉變為其他的原子核。
		高中/地科	EHb-Vc-2 利用岩層中的化石與放射性同位素定年法，可幫助推論地層的絕對地質年代。
148	72鉿～76鋨	高中/化學	CAb-Vc-2 元素可依特性分為金屬、類金屬及非金屬。
152	77銥	高中/化學	CAa-Va-4 同位素。 CAb-Vc-2 元素可依特性分為金屬、類金屬及非金屬。
153	78鉑	高中/化學	CAb-Vc-2 元素可依特性分為金屬、類金屬及非金屬。
154	79金	高中/化學	CAb-Vc-2 元素可依特性分為金屬、類金屬及非金屬。 CMc-Va-3 常見合金之性質與用途。
156	80汞	國中/理化	Me-IV-5 重金屬汙染的影響。
		高中/化學	CAb-Vc-2 元素可依特性分為金屬、類金屬及非金屬。
157	81鉈	高中/化學	CAa-Va-4 同位素。 CAb-Vc-2 元素可依特性分為金屬、類金屬及非金屬。
157	82鉛	國中/理化	Jc-IV-6 化學電池的放電與充電。 Me-IV-5 重金屬汙染的影響。
		高中/化學	CAb-Vc-2 元素可依特性分為金屬、類金屬及非金屬。 CJc-Va-7 常見電池的原理與設計。
158	83鉍	高中/化學	CAb-Vc-2 元素可依特性分為金屬、類金屬及非金屬。
159	84釙～88鐳	高中/化學	CAb-Vc-2 元素可依特性分為金屬、類金屬及非金屬。
		高中/物理	PKe-Va-2 不穩定的原子核會經由放射性衰變釋放能量或轉變為其他的原子核。
162	89～103錒系元素	高中/化學	CAb-Vc-2 元素可依特性分為金屬、類金屬及非金屬。
		高中/物理	PKe-Va-2 不穩定的原子核會經由放射性衰變釋放能量或轉變為其他的原子核。
166	104鑪～118	高中/化學	CAb-Vc-2 元素可依特性分為金屬、類金屬及非金屬。
		高中/物理	PKe-Va-2 不穩定的原子核會經由放射性衰變釋放能量或轉變為其他的原子核。
172	原子序119以上的元素到底還有多少？	高中/物理	PKe-Va-3 基本交互作用遵循許多守恆律，例如：動量守恆、角動量守恆、質量守恆、電荷守恆。

Staff

Editorial Management	木村直之
Design Format	宮川愛理
Editorial Staff	上月隆志，加藤 希
Writer	加藤まどみ（18～47，172～173ページ）

Photograph

6～7 【星雲】NASA,ESA, M. Robberto [Space Telescope Science Institute/ESA) and the Hubble Space Telescope Orion Treasury Project Team，【地球】the Earth Science and Remote Sensing Unit, NASA Johnson Space Center，【メンデレーエフ】Shutterstock. com，【メンデレーエフの周期表】Universal Images Group/Cynet Photo，【食卓】kazoka303030/stock. adobe.com
12 Henri Koskinen/stock.adobe.com
13 zilber42/stock.adobe.com
22 産業技術総合研究所
25～39 【元素単体の写真】RED POINT 唐澤光也/Newton Press・撮影協力：株式会社高純度化学研究所（埼玉県坂戸市）
24～25 ロイター／アフロ
26～27 【ジェイムズ・ウェッブ望遠鏡】NASA/MSFC/David Higginbotham，【ALFA-X】N100teda
28～29 Phawat/stock.adobe.com
31 【ウラン鉱物】RHJ/stock.adobe.com
32 【コバルトリッチクラスト】JOGMEC
34～35 Dmitry/stock.adobe.com
38～39 sarawut795/stock.adobe.com
39 【ダイヤモンド半導体】佐賀大学 嘉数誠教授
40～41 日本郵船株式会社
42～43 Kuzmick/stock.adobe.com
44 【液体ヘリウム】Public domain，【量子コンピューター】IBM Quantum・Graham Carlow，【Viewfinder/stock.adobe.com】
49 Dario Lo Presti/stock.adobe.com
50 antonmatveev/stock.adobe.com
51～67 【元素単体の画像】RED POINT 唐澤光也/Newton Press・撮影協力：株式会 社高純度化学研究所（埼玉県坂戸市）
52 Minakryn Ruslan/stock.adobe.com
53 【ネジ】Alex Mit/stock.adobe.com，【バナジウム電池】住友電気工業株式会社/Cynet Photo

54～55 Shutterstock.com
55 Artinun/stock.adobe.com
56 cesiumatom/stock.adobe.com
57 【周期表】Cynet Photo（許諾協力），【小川正孝】東北大学史料館
58～59 Shutterstock.com
62 【CPU】golubovy/stock.adobe.com
63 【銀食器】resimone75/stock. adobe.com，【自由の女神】SeanPavonePhoto/stock.adobe. com，【モーター】Viacheslav Yakobchuk/stock.adobe.com
66～67 Андрей Берёза/stock.adobe.
91～157 【元素単体の画像】RED POINT 唐澤光也/Newton Press・撮影協力：株式会 社高純度化学研究所（埼玉県坂戸市）
88 dreamnikon/stock.adobe.com
90 Serhii Shcherbakov/stock.adobe.com
91 【リチウム電池】株式会社 GS ユアサ，【アカタマ塩湖】Shutterstock. com
92 【緑柱石】Shutterstock.com，【ヘリウム銅合金】日本ガイシ株式会社
93 HARIO 株式会社
94 tiero/stock.adobe.com
96 【チリ硝石】札幌地質探査部，【液体窒素】安友康博/Newton Press
99 Newton Press
100 【ホタル石】Shutterstock.com，【歯磨き粉】HappyRichStudio/stock. adobe.com，【フライパン】杉山金属株式会社
101 Shutterstock.com
102 【食 塩】Sebastian Studio/stock. adobe.com，【ナトリウムランプ】株式会社GSユアサ
104 パナソニック株式会社
105 健栄製薬株式会社
107 ルネサスエレクトロニクス株式会社
108 【マッチ】asb63/stock.adobe.com
109 【タイヤ】株式会社ブリヂストン，【ラップ，漂白剤】Newton Press
110 【レーザー光】Alamy/PPS通信社，【プラズマボール】Sebastian/stock.

111 adobe.com
111 Newton Press
112 Wirestock/stock.adobe.com
113 【ランプ】岩崎電気株式会社（競技場照明）fotosr52/stock.adobe.com
114 【クラブ】ミズノ株式会社，【メガネ】Brilt/stock.adobe.com
115 TOTO 株式会社
116 株式会社エスコ
117 【アオサ】Toshiya K/stock.adobe. com，【アルカリマンガン乾電池】FDK株式会社，【マンガン団塊から採取された鉱物】海上保安庁海洋情報部
118 【隕鉄】北九州市立いのちのたび博物館
120 【灰皿】産総研中部センターバーチャルミュージアム，【目薬】ロート製薬株式会社
121 【100円硬貨】尾崎守宏/Newton Press，【太陽電池】株式会社アクトメント，【MRI】キヤノンメディカルシステムズ株式会社，【ナタマメ】U.G. Miyasaka/stock.adobe.com
122 【10円硬貨】Newton Press，【銅製なべ】新光金属株式会社
123 文化庁・島根県古代文化センター
124 【屋根材】株式会社オーティス，【金管楽器】ヤマハ株式会社，【カキ】
126 株式会社村田製作所
127 【夜間撮影用カメラ】NHK放送技術研究所，【撮像管】Sphl, CC BY-SA 3.0, via Wikimedia Commons
128 【ストール】手染め屋，【クリプトン電球】monjiro/stock.adobe.com
129 【ルビジウム】Science Source/PPS通信社，【花火】Nipaporn/stock.adobe. com
130 【レーザー】スペクトラ・フィジックス株式会社，【包丁】第一稀元素化学工業株式会社
131 東北大学大学院生命科学研究科南澤研究室
132 【放射性診断】日本メジフィジックス株式会社，【ハードディスク】ウエス

133 タンデジタル
136 星空マニア
137 【青銅鏡】京都大学総合博物館，【はんだ付け】tcsaba/stock.adobe.com，【ブリキ缶】井関産業株式会社
138 【バッテリー】株式会社 GS ユアサ，【DVD】Newton Press
139 【はやぶさ2】JAXA
140 【X線写真】日本診療放射線技師会
141 【ライター】Bert Folsom/stock.adobe. com，【セリウム】Shutterstock.com，【サングラス】yod67/stock.adobe. com
142 【プラセオジム，ネオジム】Shutterstock.com，【プラセオジム顔料】三重県工業研究所窯業研究室
143 【スピーカー】Bose Corporation
143 【紙計測装置】SPL/PPS通信社，【ウラン鉱石】Shutterstock.com，【永久磁石】川上磁石株式会社
144 【ユウロピウム】Shutterstock.com，【MRI】KasugaHuang, CC BY-SA 3.0, via Wikimedia Commons
145 【X線フィルム】Chinnapong/stock. adobe.com，【テルビウム，ジスプロシウム】Shutterstock.com，【避難誘導標識】根本特殊化学株式会社
146 【ホルミウムレーザー】株式会社 日本ルミネス，【光ファイバー】yoshitaka/stock.adobe.com
147 【Cyber TM】エダップテクノメド株式会社，【ガドリン石】中津川市鉱物博物館
148 【ルテチウム】Shutterstock.com，【モナズ石】九州大学杉吉鉱物標本，【PET装置】キヤノンメディカルシステムズ株式会社，【タービンブレード】katueng/stock.adobe.com
149 【インプラント】株式会社メディカルネット，【コルンブ石】九州大学高壮吉鉱物標本
150 【電球】パナソニック株式会社，【鉄マンガン重石】九州大学高壮吉鉱物

151 標本
151 【ロケット】3dsculptor/stock.adobe. com，【ワイヤー】東芝マテリアル株式会社，【針金】株式会社パイロットコーポレーション
152 日本特殊陶業株式会社
153 【指輪】株式会社CHARMY
154 【金塊】Roman Bodnarchuk/stock. adobe.com，【集積回路】株式会社村田製作所
156 株式会社アイシー
157 【心筋シンチグラフィ】PDRファーマ株式会社，【鉛蓄電池の構造】電池工業会
158 【ビスマス】Shutterstock.com，【ビスマス結晶】Alchemist-hp,Richard Bartz, further modifications by Poke2001, CC BY-SA 3.0, via Wikimedia Commons，【スプリンクラー】千住スプリンクラー株式会社，【次硝酸ビスマス】中北薬品株式会社
159 SPL/PPS通信社
160 【セグレ】SPL/PPS通信社，【ラドン検出装置】Superstock/PPS通信社，【ラドン温泉】ndk100/stock.adobe. com
161 【ベレー】SPL/PPS通信社，【ラジウム温泉】H-AB Photography/stock. adobe.com
162 【ガス灯のマントル】SPL/PPS通信社，【トール石】群馬県立自然史博物館
163 【閃ウラン鉱】Shutterstock.com，【原子力発電所】東京電力株式会社
164 【マクラシン，燃料棒】SPL/PPS通信社，【アメリシウム】Bionerd, CC BY 3.0, via Wikimedia Commons
171 【プロメチウム】Shutterstock.com，【アインシュタイン】Shutterstock.
173 国立研究開発法人日本原子力研究開発機構（JAEA），近畿大学

Illustration

Cover Design	Newton Press	35	Newton Press	64～65	荻野瑶海・Newton Press
1～2	Newton Press	36-37	Newton Press（分子：credit①）	68～69	Newton Press
3	Newton Press	39	Newton Press	71～72	Newton Press
5	Newton Press	40	東京工業大学細野研究室	73	加藤愛一
10～17	Newton Press	42-43	Newton Press（分子：日本化学物質辞書 J-GLOBAL, credit①）	74～79	Newton Press
19～21	Newton Press			80	カサネ・治
22～44	【電子配置】Newton Press	46-47	Newton Press	81～83	Newton Press
22-23	Newton Press（分子：credit①）	51～67	【電子配置】Newton Press	86～170	Newton Press，谷合 稔
24～25	Newton Press	51	Newton Press	87	【地図】Newton Press（地図のデータ：Reto Stöckli, Nasa Earth
28～33	Newton Press	60-61	Newton Press（分子：credit①）		
				108	岸野敏彦
				112	Newton Press（credit①）
				123	門馬綱久
				145	富碕 NORI
				152	岡本三紀夫
				156	小林 稔
				166～167	【肖像画】山本 匠
				171	Newton Press
				175	Newton Press

Observatory）
credit① PDB ID CLA, ePMV(Johnson, G.T. and Autin, L., Goodsell, D.S., Sanner, M.F., Olson,A.J.(2011]. ePMV Embeds Molecular Modeling into ProfessionalAnimation Software Environments. Structure 19, 293-303]

【 人人伽利略系列3 】

完全圖解 元素與週期表
國高中必備！一次認識118種元素特徵及應用

作者／日本Newton Press
翻譯／林詠純
特約編輯／謝宜珊
校對／林庭安
發行人／周元白
出版者／人人出版股份有限公司
地址／231028 新北市新店區寶橋路235巷6弄6號7樓
電話／（02）2918-3366（代表號）
傳真／（02）2914-0000
網址／www.jjp.com.tw
郵政劃撥帳號／16402311 人人出版股份有限公司
製版印刷／長城製版印刷股份有限公司
電話／（02）2918-3366（代表號）
香港經銷商／一代匯集
電話／（852）2783-8102
第一版第一刷／2019年9月
第二版第一刷／2024年5月
定價／新台幣500元
　　　港幣167元

國家圖書館出版品預行編目（CIP）資料

完全圖解 元素與週期表：國高中必備!一次認識118種元素特徵及應用 日本Newton Press作；林詠純翻譯. -- 二版. --
新北市：人人出版股份有限公司, 2024.05
面；公分. —（人人伽利略系列；3）
ISBN 978-986-461-386-1（平裝）
1.CST：元素 2.CST：元素週期表
348.21　　　　　　　　　　113002930

NEWTON BESSATSU SHUKIHYO
KANZEN ZUKAI 118 GENSO JITEN
Copyright © Newton Press 2022
Chinese translation rights in complex characters arranged with
Newton Press through Japan UNI Agency, Inc., Tokyo
www.newtonpress.co.jp